対話とシミュレーションムービーでまなぶ

流体力学

前川 博・著

共立出版株式会社

『対話とシミュレーションムービーでまなぶ 流体力学』まえがき

　書物を通して思想を伝えようとするとき，対話は古くから重要な伝達手段であり，そこで語られる言葉は，この形式で書かれた名著に見られるように，時代を超えていきいきと現代にもよみがえる力を示すことがあります．思想は言葉によって語られ，言葉は人に向かって語られることは，いきいきとその場面を彷彿させ考える力を引き出すことができるために，思想を広めるためにその効果を発揮したことを私たちは知っています．20世紀は科学の時代であったと言われ，その成果が技術を通じて私たちのすみずみまで配られ豊かさを感じさせるようになりました．一方，この20世紀の潮流によって，最新の知識が短時間で手に入れることができるようになった反面，何故そのような着想にいたったのかは発見者その人に伝えてもらうのが大切であるにもかかわらず，着想の何故が忘れられて知識が先行一人歩きしている光景が見えます．教室では，発見・発明の何故のほうが重要であることは，教室で教えた経験がある方は誰でも感じていることでしょう．

　流体力学は古典力学をその基礎においています．流体力学においては，量子力学をまなぶときのようにニュートン力学で用いられた枠組みそのものを変更することはなく，例えば乱流現象のように古典力学として未解決であった事柄をじっと見据えている学問です．別な言い方をすれば，自然の風のようにずっと昔から流体力学は私たちに懐かしそうに語りかけていたにもかかわらず，私たちがその意味をなかなか理解できなかったとも言えるでしょう．しかし，計算機とアルゴリズムの発達は強い非

線型性を示す偏微分方程式の解を，私たちの目の前に映像として展開してみせるようになりました．その結果，基本的な運動法則から多様な解が得られた不思議さをまなぶ気持ちにさせてくれたと考えられます．自然界や身の回りで起こる流体現象の多くは，地球の自転の効果や熱輸送を伴うなど種々の影響が混在しており，その意味では，流体力学は常に新鮮な素材を提供しつづける可能性があると言えるように思います．一方，流体工学としては，現象を支配する物理をどんなふうに応用できるか考えるということが大切です．この教科書では流体力学の基礎と応用がどのように結び付けられているのか示唆したいと考え執筆しました．

本書はいままでの教科書と少し違った形式を部分的に取り入れました．流体力学や流体工学の内部では研究者が語り合い議論して新しい道を見付け出し現在の高みまで到達してきました．対話という形式を部分的に取り入れることによって，やさしい話題から深い話題について，まなぶときの"何故"という疑問を引き出し対話によって答えるように試みました．さらに，実験結果や数値計算結果を静止画や動画として関係のある個所に配置することによって，現象を実際に見，また，数値計算の力を借りてさらに深く観察できるようにしました．

本書は，学習の便を考えて，全3編からなる構成としました．第1編，第2編，第3編とまなぶことによってより深く流体力学の基礎をまなべるような工夫をしました．第1編は序章とも呼ぶべき，流体力学や流体工学で用いられる基本的な言葉と概念を説明しています．第2編では，粘性流体，乱流および圧縮性流れの基礎を講義します．そして，第3編では，流体工学へ扉を開き，流体力学をまなぶときの柱の一つである流体現象の本質的部分を切り取る近似法について説明しています．なお，本書を記述するのあたり，先進の研究成果や多くの文献や著書を参考にさせていただき，ここに厚く御礼申し上げる次第です．

2002年9月

前川 博

目次

第1編	1
第1章　序論	3
1.1　流体力学とは	4
1.2　流体工学とは	5
第2章　流体の性質	7
2.1　密度	8
2.2　理想気体の状態方程式	8
2.3　粘性	8
2.4　熱伝導性	9
2.5　圧縮性	10
第3章　静止流体	11
3.1　静止流体における圧力	11
3.2　浮力	14
第4章　力学的相似則	16
4.1　次元の一様性と単位系	16
4.2　次元解析	17

第5章　基礎流体力学　20

- 5.1 定常流れと非定常流れ 20
- 5.2 流線 20
- 5.3 ベルヌーイの定理 21
  - 5.3.1 流線に沿った運動の第二法則 22
  - 5.3.2 流線に垂直方向成分の運動の第二法則 23
  - 5.3.3 ベルヌーイの定理の応用例 26
  - 5.3.4 ピトー管 27
- 5.4 検査面解析 28
  - 5.4.1 質量保存法則 28
  - 5.4.2 運動量の法則 28
  - 5.4.3 運動量の法則の応用 29

第2編　31

第6章　流体運動の記述方法　33

- 6.1 ラグランジェとオイラーの記述法 33
- 6.2 流体の変形と回転 36
- 6.3 渦運動 38
- 6.4 循環 39

第7章　基礎方程式　42

- 7.1 連続の方程式 42
- 7.2 運動方程式 43

第8章　粘性流体の流れ　46

- 8.1 ナヴィエ・ストークス方程式 47
- 8.2 力学的相似則 47
- 8.3 非圧縮性粘性流れの例 49
  - 8.3.1 2次元ポアゼイユ流れ 49
  - 8.3.2 2次元クエット流れ 50
  - 8.3.3 円管ポアゼイユ流れ 50

第9章　圧縮性粘性流体の流れ　53

- 9.1 粘性応力 53

9.2	理想気体	54
9.3	エネルギー方程式	55
9.4	垂直衝撃波	59

第10章　対流　62

10.1	熱対流	62
	10.1.1　ブジネスク近似	63
	10.1.2　強制対流と自由対流	64
10.2	濃度変化を伴う流れ	68

第11章　乱流　69

11.1	乱れの起源	69
11.2	乱流遷移	70
	11.2.1　安定性理論	71
	11.2.2　自然遷移と人工遷移	73
11.3	乱流	75
	11.3.1　層流と乱流の違い	75
	11.3.2　レイノルズ方程式	76
	11.3.3　乱流熱輸送	77
	11.3.4　一様等方性乱流	78
	11.3.5　スペクトルとエネルギーカスケード	79
	11.3.6　濃度拡散	82

第3編　85

第12章　物体に働く流体力　87

第13章　完全流体の流れ　91

第14章　渦なし流れ　95

14.1	水の波	96
14.2	圧縮性流体の渦なし流れ	99
	14.2.1　線形化近似	100
	14.2.2　プラントル・グロアートの法則	101
14.3	簡単なポテンシャル流れ	103
	14.3.1　一様流	104

	14.3.2 わき出しと吸い込み	105
	14.3.3 渦	105
	14.3.4 二重わき出し	106
14.4	円柱まわりの流れ	107

第15章 流線形物体と鈍い物体 — 111
- 15.1 翼形 112
- 15.2 低抵抗翼形 113
- 15.3 鈍い物体まわりの流れ 114

第16章 境界層理論 — 118
- 16.1 層流境界層 118
- 16.2 圧縮性境界層の相似方程式 126

第17章 オイラー方程式 — 129
- 17.1 音波 129
- 17.2 リーマン不変量 131
- 17.3 1次元オイラー方程式の性質 133

第18章 乱流モデル — 136
- 18.1 レイノルズ応力 136
- 18.2 レイノルズ応力の取り扱い 137
  - 18.2.1 渦粘性 137
  - 18.2.2 壁面近傍乱流 137
  - 18.2.3 レイノルズ応力の輸送方程式 138

参考文献 — 142

索　引 — 145

付録 CD-ROM について
　本書の巻末には，流体力学の学習の手助けとなるように作成された動画データを収めた CD-ROM が添付されています．詳細は，CD-ROM に収められた README ファイルを参照してください．

第1編

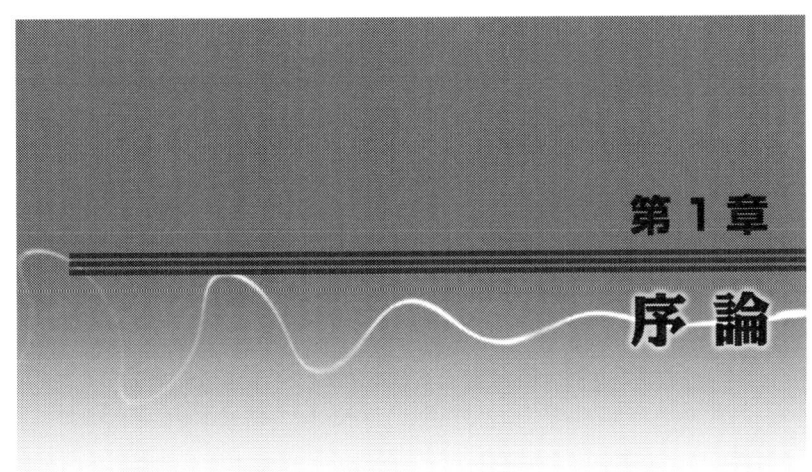

第1章
序論

　私たちは空気や水を介して流体現象を日常体験している．一方，流体の運動はミクロな浮遊粒子から地球大気の運動まで，極めて広範囲なスケールにおいて観察される．また，その応用は非常に広い分野にわたっているのが特徴である．機械，航空，土木，化学工学や近年の半導体技術など，応用範囲はますます広がっている．

　本書は力学や熱物理学を履修した段階の学生を対象としている．物理的視点で流体力学を理解するために書かれており，またその応用を目的とした熱や流体の工学へ発展させるときの道筋を示している．21世紀における科学技術に対する課題は非常に多くあるが，そのなかでも人類にとってエネルギー・環境問題は必須な事柄である．また，新しい産業分野を生み出すには新しい着想が必要であろう．流体現象の何故という物理がわかることが新たな発想につながり新しい産業分野を生み出すきっかけになることが期待される．千年紀に「地球と人類を次の千年紀にどのように残せるのか？」ということを考えてみた．私たち個々人のできることは極めて限られたことであるが，何に使うかよく考えられて開発された科学技術の役割はたいへん大きい．さまざまな科学技術分野のなかで流体力学に関する応用も20世紀に多いに発展した．流体現象は身の回りに起こるゆえに，流体現象に関連する科学技術は21世紀においても引き続き果たす役割は決して小さくはない．本書は流体力学についてこれまでに引き継いだ内容を次の時代を担う人たちに21世紀における新しい視点を与える目的で整理した．

1.1 流体力学とは

流体力学の特徴は「予測性」にあるといえる．力学における運動の第二法則によって質点の軌道を予測することと同じである．ただ，これまで流体力学のもっている「予測性」のよさが偏微分方程式の非線形性によって十分理解されなかったが，計算機とアルゴリズムの発達により精密に行われるようになりその科学としての特徴が十分認識できるようになった．

流体力学は，水や空気などの運動を取り扱い，例えば気体における分子間距離のおよそ1000倍程度以上の巨視的スケール（μm程度）運動を考察する．流体は無数の分子から構成されており巨視的スケールの下限として取り扱える物質のなかには分子の数は10^8個程度もあり，分子間の相互作用が統計量として意味があるものになっている．このような巨視的取り扱いは流体を質量をもつ連続媒質とみなすことになる．したがって，流体力学には運動に伴う流速（速度場）や圧力場などの場という概念が組み込まれている．たとえば，速度場，$\vec{v}=(u,v,w)$は時間と空間の関数$\vec{v}(\vec{x},t)$となるので，流体の基礎方程式系が偏微分方程式に記述されることになり，質点の位置が時間の関数で表されるので常微分方程式の表現を使うのと対照的である．ただし，偏微分方程式を解くという数学的形式が変更になるだけで，微分方程式を解くことという「予測性」が重要な点は同じである．

流体力学の基礎方程式は，力学や熱物理学で講義された，力学における運動の第二法則や熱力学の第一法則（エネルギー保存則）という古典力学の基本法則そのものである．また，古典場である電磁気学もそのままならべることができ，さらに化学反応やプラズマにおける分子と電子の素過程も質量保存則などの基本法則のなかに組み込まれ，古典物理の表現が非常に豊かになっている．ただ，流体の運動が現象における物理の中心になることもあれば，物質の輸送として流体運動の役割があるだけで，輻射を含む熱物理学が中心になることもある．

流体力学の面白さは，例えば非圧縮性流体における質量保存則と運動量保存則で乱流遷移現象において観察される流れパターンの多様性を表すことができる点である．そして円柱まわりの流れや平板上の境界層の発達など，幾何学的形状が単純な流れにおいてあらわれるところであり，感動にも似た"驚き"を与えてくれる点である．また，流体力学はカオス

やフラクタルなどの現代物理学分野の原型となったりその発展に大きな役割を果たしてきた．乱れた流れのなかに墨をたらした場合に観察されるフラクタル構造は乱流拡散そのもので，自然現象のいたるところに観察される．

1.2 流体工学とは

一方，流体力学の「予測性」は多岐にわたる分野で応用され，各分野に大きな影響を与えた．本書では機械・航空分野で重要な題材である翼形性能を取り上げた．流体工学における中心的課題の一つであり，流体力学の重要な内容が宝石のようにちりばめられている．翼は高効率の機械要素の代表的存在であるばかりでなく，環境と共存する未来の乗り物をつくり得る自然から他の生物と同様に人類が授かった「賢者の石」のようなものである．自然における流体現象においては熱・物質輸送や地球自転の影響を受ける．

流体工学においても取り扱う流れは単純なものはなく自然流体現象と同様に密度変化の影響や電磁場さらに物質の混入の影響を受けるなど複雑3次元流れである．その本質をとらえ，単純化してときには1次元的取り扱いをする．そのため，流体工学の特徴は複雑な流れを単純化したことによって生まれる「説明性」であるといわれる．物体の抵抗や流体機械内のエネルギー損失を生み出す乱流現象は3次元であるが，実験係数を導入して，1次元流れで近似する「水力学」「水理学」が実用的経験式を得るために頻繁に用いられてきた．一方，非粘性と呼ばれる仮定を導入することによって，線形化理論を基礎とした「理論流体力学」を用いて3次元流れに関する解析的解を出し「理論的予測」を行うことができる．タービンやプロペラのような機械要素は，発生するトルクや推力を予測することが重要であり，トルクや推力を発生する力の大部分が揚力と呼ばれる流れ方向に垂直な力であり，揚力を対象とした場合は非粘性という仮定は妥当である．新しい超音速輸送機を設計するときに非粘性流れで抵抗のおおよそ2/3が決まり，残り1/3が粘性問題で解決しなければならない．通常は，超音速旅客機はまず非粘性計算で発生する抵抗ができるだけ小さな形状を与え，粘性による流れによる形状変更（主翼詳細形状など）を行う．非粘性という仮定はあてはまらないことも多いが，条件を付けることによって実際の流れに極めて近くすることがで

きる．衝撃波は内部構造を考えなければ非粘性で取り扱ってよく，非粘性のオイラー方程式の解は数学的には広義解と呼ばれる弱解形式を使って定式化されるが，衝撃波もエントロピー条件を課すことによって非粘性の取り扱いができる定常波である．非粘性のオイラー運動方程式にみられる広義解は古典解のような微分可能性の要請をはずして解が構成でき，古典解より広い解の概念が得られる．

一方，熱流動現象に見られるように，流れのスケールを支配する項が多くあるとき流れ条件により流体運動を決定付ける適切な項を選択しなければならない．バッキンガムの定理で示されるように，物理変数の数と基準次元の数の差は無次元パラメータの数に一致する．したがって，複雑流動を対象とする流体工学では一般に無次元パラメータが複数あり，流れ現象の物理的理解がいっそう重要になる．

第2章
流体の性質

先生：原子や分子の統計的な振る舞いについて熱の科学や熱物理学で講義を受けたと思います．空気中の圧力などの状態量は分子運動によって統計的に与えられました．熱現象と流体現象とは深い関係があります．一般に，熱現象はその古典熱・統計法則によって記述できることをまなびました．そのなかで，分子が他の分子に衝突する平均距離を平均自由行程と呼んでいますが，このスケール l よりも流体力学的スケール L が十分に大きいことが必要になります．0°C1気圧の空気では，平均自由行程 l は 10^{-5}cm 程度です．そのスケールの比を**クヌッセン数 Kn**（クヌッセン，1950年）と呼びます．

$$Kn = l/L \tag{2.1}$$

0°C1気圧の場合，一辺 1μm の立方体のなかでは 3×10^7 個程度の分子が存在します．私たちはこのような粒子性のない媒質を連続体と呼びます．分子間の距離に比べたら十分長い巨視的な運動を流体が連続体であるとしてここでは取り扱うことにします．$Kn \ll 1$ の場合を考えていることにしましょう．

洋平君：流体力学的スケール L とはどのようなものですか．

先生：たとえば，細い管の直径や小さな物体の代表的な大きさを表す長さを流体力学的スケールと呼びます．

先生：まず，以下に流体の性質を端的に表す物理量を取り上げます．流体現象を見る視点になります．

2.1 密度

密度は単位体積当たりの質量を表し，その単位は SI 単位系では kg / m³ である．たとえば，標準気圧で温度 4°C の純水の密度は 1000kg / m³ である．重力加速度 g の場における密度 ρ の流体は比重量 $\gamma = \rho g$ と表される．その単位は N / m³ であり，標準重力加速度のもとで上述の純水の比重量は $\gamma = 9.80$kN/m³ である．

2.2 理想気体の状態方程式

気体は液体と比べはるかに圧縮されやすく，密度変化は圧力と温度変化に直接関係している．その関係が状態方程式

$$p = R\rho T \tag{2.2}$$

で表される．ここで圧力は絶対圧であり，温度は絶対温度を用いる．R(J/kg·K) は気体定数であって，気体の種類によって異なる値をとる．また，一般に気体の温度を一定に保って圧縮すると液化する．1 次相転移と呼ぶが，このような複雑な現象も流体現象に含まれ，このような場合にも状態方程式が状態量間の関係を与えている．

2.3 粘性

運動している流体には，"流れやすさ" ともいうべき性質をあらわす必要がある．この性質を付加するために，図 2.1 のような平行平板（一方の板を一定の速度で移動）にはさまれた流れを考える．面に平行な力は粘性応力により発生し，せん断ひずみとせん断応力の関係から

$$\tau \propto \delta\beta/\delta t = du/dy \tag{2.3}$$

$$\tau = \mu du/dy \tag{2.4}$$

比例定数 μ は粘性率または粘性係数や粘度と呼ばれる．この線形関係があることをニュートンの粘性法則といい，この法則に従う流体をニュートン流体（ニュートン，1687 年）という．粘性率の単位は N·s/m² （または Pa·s）である．

movie2.1
水の粘性

movie2.2
シリコンオイルの粘性

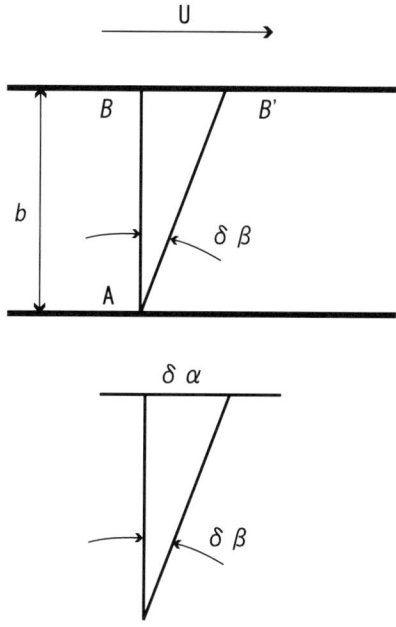

図 2.1 平行平板間にはさまれた流体

2.4 熱伝導性

流体内に温度分布があるとき，その熱伝導性が重要になる．Q を熱流束（単位時間に単位面積を垂直に通過する熱量）とし，Q の大きさは温度勾配に比例する．その比例定数を熱伝導率 k と表し，その単位は $J/(s \cdot m \cdot K)$ で与えられる．

$$Q = -k\frac{dT}{dx} \tag{2.5}$$

図 2.2 に示すように，一般には熱流束はベクトル量である．

movie2.3
水の動粘性率の計測

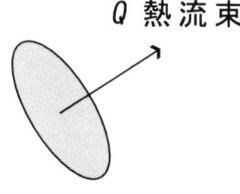

図 2.2 熱伝導性

粘性率も熱伝導率も分子の輸送現象によるものであり，熱統計法則から物性値として説明される．一般に気体では温度が上がれば粘性率と熱

伝導率は上昇する．

2.5 圧縮性

圧力が加えられたときに体積が変化する流体の性質を圧縮性と呼ぶ．加えられた圧力 Δp と体積変化 ΔV の比から

$$E_v = -\frac{dp}{dV/V} \tag{2.6}$$

体積弾性率 E_v と呼び，その単位は Pa（パスカル）であり，その逆数 $\beta = 1/E_v$ は圧縮率である．質量 $m = \rho V$ の流体が圧縮によってその密度を上昇させるので

$$E_v = \frac{dp}{d\rho/\rho} \tag{2.7}$$

音速 c は以下のように定義する．単位は m/s になる．

$$c = \sqrt{\frac{E_v}{\rho}} = \sqrt{\frac{dp}{d\rho}} \tag{2.8}$$

第3章 静止流体

3.1 静止流体における圧力

静止流体中に生じる応力は圧力のみである．SI単位系では圧力の単位はPa（パスカル）である．Paという単位は小さすぎるので，hPa(10^2Pa)，kPa(10^3Pa)，MPa(10^6Pa) などを一般に用いる．圧力を計測するときは，大気圧を参照圧力として，以下のようにゲージ圧を定義する．

　　　　ゲージ圧＝絶対圧―大気圧

負の場合は真空度と呼ぶ．まとめると図3.1のようになる．

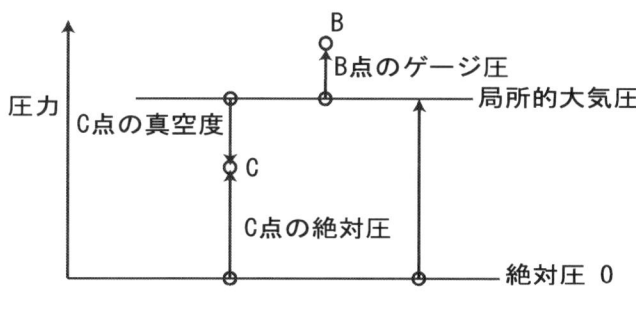

図 3.1　圧力のとり方

圧力場の基礎方程式

静止流体中において，図3.2に示すようなくさび形状の部分に働く圧力を考える．ニュートンの運動の第二法則を考えてみると

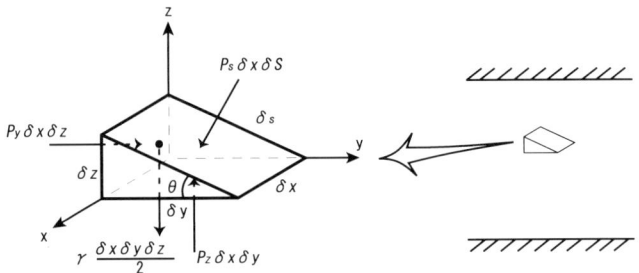

図 3.2 任意くさび形状の流体要素にはたらく力

$$\sum F_y = p_y \delta x \delta z - p_s \delta x \delta s \sin\theta = \rho \frac{\delta x \delta y \delta z}{2} a_y, \qquad (3.1)$$

$$\sum F_z = p_z \delta x \delta y - p_s \delta x \delta s \cos\theta - \gamma \frac{\delta x \delta y \delta z}{2} = \rho \frac{\delta x \delta y \delta z}{2} a_z \qquad (3.2)$$

ここで, p_s, p_y, p_z は面平均圧力として, ρ, γ はそれぞれ密度と比重量を表す. また, a_y, a_z は加速度成分を表す. 整理すると

$$\begin{aligned} p_y - p_s &= \rho a_y \frac{\delta y}{2}, \\ p_z - p_s &= (\rho a_z + \gamma)\frac{\delta z}{2} \end{aligned} \qquad (3.3)$$

くさびの形状を保ったまま微小な極限では右辺の大きさは 0 になり

$$p_y = p_s, p_z = p_s \qquad (3.4)$$

この結果は, 静止流体, または運動流体においてもせん断応力が無視できれば, 圧力は方向によらないことを示している. パスカルの原理と呼ばれている.

次に, 圧力が点から点へとどのように変化するのか示そう. そのために図 3.3 に示すような立方体を考える. 面圧力は立方体の左右面では差があり

$$\delta F_y = -\frac{\partial p}{\partial y}\delta x \delta y \delta z \qquad (3.5)$$

同様にして, 他の方向の面圧差は

$$\delta F_x = -\frac{\partial p}{\partial x}\delta x \delta y \delta z, \quad \delta F_z = -\frac{\partial p}{\partial z}\delta x \delta y \delta z \qquad (3.6)$$

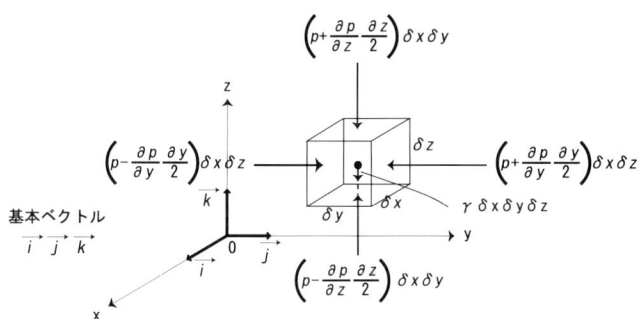

図 3.3 微小体積要素にはたらく面積力と体積力

ベクトル表示を使うと基本ベクトル $\vec{i}, \vec{j}, \vec{k}$ を用いて以下のように表される．

$$\delta \vec{F}_s = \delta F_x \vec{i} + \delta F_y \vec{j} + \delta F_z \vec{k} \tag{3.7}$$

したがって，圧力を使うと

$$\delta \vec{F}_s = -(\frac{\partial p}{\partial x}\vec{i} + \frac{\partial p}{\partial y}\vec{j} + \frac{\partial p}{\partial z}\vec{k})\delta x \delta y \delta z \tag{3.8}$$

となる．勾配を表すためにナブラ演算子 ∇ を使ったことを思い出そう．

$$\nabla p = \frac{\partial p}{\partial x}\vec{i} + \frac{\partial p}{\partial y}\vec{j} + \frac{\partial p}{\partial z}\vec{k} \tag{3.9}$$

とすると，(3.8) 式は

$$\frac{\delta \vec{F}_s}{\delta x \delta y \delta z} = -\nabla p \tag{3.10}$$

となる．ここで，鉛直方向 $\vec{k}$ の下向きに重力加速度 g が働いていると考えよう．この立方体要素の重さは

$$-\gamma \delta x \delta y \delta z \vec{k} \tag{3.11}$$

と表される．ニュートンの運動の第二法則 $\vec{F} = m\vec{a}$ を使うと

$$\sum \delta \vec{F} = \delta m \vec{a} \tag{3.12}$$

すなわち

$$\sum \delta \vec{F} = \delta \vec{F}_s - \gamma \delta x \delta y \delta z \vec{k} = \delta m \vec{a} \tag{3.13}$$

ナブラ演算子

$$\nabla = \vec{i}\frac{\partial}{\partial x} + \vec{j}\frac{\partial}{\partial y} + \vec{k}\frac{\partial}{\partial z}$$

力学においてナブラ演算子を使った例：保存力 $\vec{F}$ は

$$\vec{F} = -\nabla V = -\mathrm{grad} V$$

と書き，等ポテンシャル面（$V = $ 一定）に対して垂直方向の力

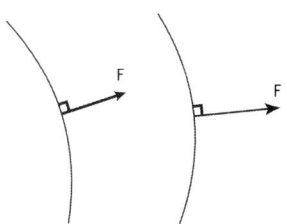

等ポテンシャル面と力の方向

したがって

$$-\nabla p - \gamma \vec{k} = \rho \vec{a} \tag{3.14}$$

せん断応力がないことに注意する．後に，運動する流体について再び圧力勾配を考えることとし，ここでは静止流体についての結果を述べる．

右辺が0になり，静止流体では圧力は点から点へ移動しても変化しないことがわかり，ただ重力が働いている方向だけは

$$\frac{dp}{dz} = -\gamma \tag{3.15}$$

と圧力勾配があらわれていることがわかる．

密度が一定のときは，上式を定積分すると

$$p_1 - p_2 = \gamma(z_2 - z_1) = \gamma h \tag{3.16}$$

位置の差 h と圧力差の関係が示された．または

$$h = \frac{p_1 - p_2}{\gamma} \tag{3.17}$$

と表すことができる．

3.2 浮力

この節で述べる浮力とは，静的浮力のことである．浮力は物体表面に働く圧力の合力として作用する．図3.4に示すように，

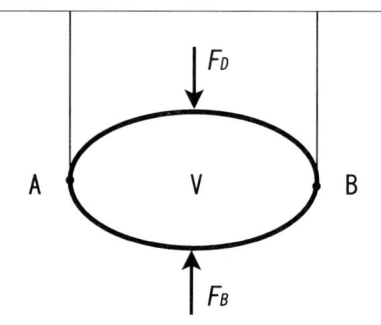

図 **3.4** アルキメデスの原理

$$B = \gamma V = F_B - F_D \tag{3.18}$$

となる．流体の比重量または密度に比例し，流体中にある物体の深さには無関係である（アルキメデスの原理）．したがって，物体はその体積に等しい流体に作用する重力に等しい力を鉛直方向上向きに受ける．

第4章 力学的相似則

4.1 次元の一様性と単位系

流体力学においては流体の特性の変化を取り扱うので，その定性的・定量的記述が必要になる．数値的計測によって定量的記述ができる．たとえば，長さを m や時間を秒とか質量を kg というふうに長さなどの基準単位系をもつものを次元基本量といい，速度や圧力のようにこれらの基本量から生成される物理量を 2 次量と呼んでいる．基本量の定性的な記述法として長さを L，時間を T，質量を M と表す．したがって，流速は LT^{-1} と表すことができる．流体力学をはじめ多くの問題では上述の三つの基本量を使って表すことができる．また，どのような方程式においても各項の次元の一様性が必ず要求され，それによって物理現象を述べることができる．次元解析の基本となっている．

国際単位系（SI：International System of Units）

SI 単位系では次元基本量である長さの単位はメートル (m)，時間の単位は秒 (s)，質量はキログラム (kg) である．さらに温度は絶対温度 (K) を用いる．力の単位はニュートン (N) であり

$$1N = (1\text{kg})(1\text{m/s}^2)$$

ニュートンの運動の第二法則から定義できる．1kg 質量の重さは標準重力加速度のもとでは 9.81N であり，質量と重さは定性的にも定量的にも異なることに注意しなければならない．仕事の単位はジュール (J) であ

り，力 1N で移動距離が 1m である場合に

$$1\text{J} = 1\text{N} \cdot \text{m}$$

である．仕事率（パワー）は単位時間あたりの仕事としてワット（W）を使って表す．

$$1\text{W} = 1\text{J/s} = 1\text{N} \cdot \text{m/s}$$

4.2 次元解析

一般に実験を計画するとき，例えば物体に働く力や単位長さ当たりの管内流の圧力降下の大きさに及ぼす影響を与える物理量を決める必要がある．一様水流中に置かれた物体に働く力 R は，物体の代表長さ L，流速 V や水の密度 ρ および粘性率 μ によって決まると考えられる．R はこれらの量の関数であるとして

$$R = f(L, \rho, \mu, V) \tag{4.1}$$

と形式的に表すことができる．力 R の各物理量への依存の仕方が実験結果として得られる．しかし，これらの関係をどのような一般的な関数としてまとめればよいのか，そして相似形の物体に対して成り立つ関係を与えることが必要になる．そこで，以下のようにこれらの物理量に関する二つの無次元量に関する関係を与えることを考えて見よう．これはバッキンガムのΠ定理より（4.1）式のように関係する5つの物理変数に対してMLT系（三つの参照次元）をもつ場合は2つ（= 5 − 3）のΠ項が与えられることによっている．

$$\frac{R}{\rho V^2 L^2} = \phi\left(\frac{\rho V L}{\mu}\right) \tag{4.2}$$

したがって，実験データの整理の仕方は，5つの物理量の代わりに2つの無次元量の関係をプロットすればよいことになる．この単純化の背景には，物理量の次元を考慮する考え方がある．流体の特性は長さや質量および時間（さらに温度）のようなより基本的な量によって定量的に記述することができる．これらの基本量を使うと，各物理量の次元は

$$[F] = MLT^{-2}$$
$$[\rho] = FL^{-4}T^2 = ML^{-3}$$

$$[\mu] = FL^{-2}T = ML^{-1}T^{-1} \tag{4.3}$$
$$[L] = L$$
$$[V] = LT^{-1}$$

と表される．したがって，(4.2) 式の左辺は

$$\begin{aligned}\frac{R}{\rho V^2 L^2} &= \left[\frac{F}{FL^{-4}T^2(LT^{-1})^2 L^2}\right] \\ &= [F^0 L^0 T^0] = \left[\frac{MLT^{-2}}{ML^{-3}(LT^{-1})^2 L^2}\right] \\ &= [M^0 L^0 T^0] \end{aligned} \tag{4.4}$$

また，右辺は

$$\begin{aligned}\frac{\rho V L}{\mu} &= \left[\frac{FL^{-4}T^2 LT^{-1} L}{FL^{-2}T}\right] = [F^0 L^0 T^0] \\ &= \left[\frac{ML^{-3}LT^{-1}L}{ML^{-1}T^{-1}}\right] = [M^0 L^0 T^0] \end{aligned} \tag{4.5}$$

であることがわかり，(4.2) 式で与えられた無次元量間の関係を求めることが実験データを整理しやすくすることである．(4.2) 式の左辺は発生した力に関する無次元係数と呼ばれ（後に述べる揚力係数など），独立変数となる無次元項はレイノルズ数と呼ばれる粘性流れにおける基本的な無次元パラメータである．

先生：たとえば，図 4.1 に示すように，力 R と速度，長さ，密度および粘性率との関係を調べた結果は (e) のようにまとめることによって，どのような相似形状の流れについてもすべて明らかにすることができます．

洋平君：図 4.1(a),(b),(c),(d) では，それぞれプロットされている量以外の物理量を一定にした実験なので，全体としてどのような傾向があるのか，なかなかわかりづらいですね．

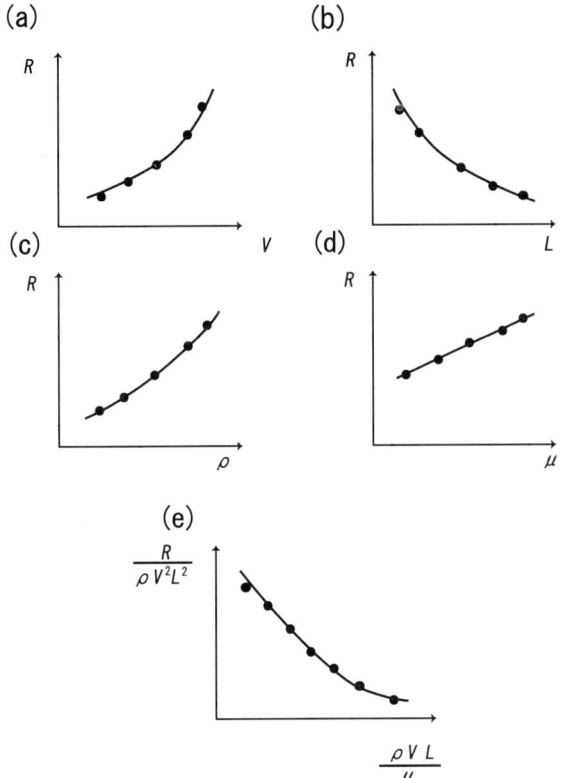

図 **4.1** 物体に働く力に及ぼすさまざまな物理量の影響と無次元パラメータを用いたデータ整理法

第5章 基礎流体力学 ベルヌーイの定理と運動量の法則

本章では，流体力学における基本用語を解説する．

5.1 定常流れと非定常流れ

流れには流速や圧力および密度が時間によらず一定な流れと時間とともに変化する流れがある．前者を定常流といい，後者を非定常流という．また，流速などの諸量が空間座標 (x,y,z) の関数であり，速度も3次元成分 (u,v,w) をもつ流れが一般的であり，3次元流れと呼ぶ．

$$u(t,x,y,z), v(t,x,y,z), w(t,x,y,z) \tag{5.1}$$

1次元や2次元流れは一般的に簡略化したものや近似であると考えてよい．

5.2 流線

流線は流体中に描かれた曲線の各点の接線が速度の方向に一致する連続な曲線であると定義される．流線が満たす微分方程式はその定義から

$$\frac{dx}{u} = \frac{dy}{v} = \frac{dz}{w} \tag{5.2}$$

となる．二つの流線は速度0のところを除いて交わることはない．さもなければ，速度が二つの方向をもち流線の意味がなくなってしまう．

5.3 ベルヌーイの定理

流線が時間によらず変化しない定常流を考える．定常流では流線上を仮想的な流体粒子が移動していると考えてよい．その流体粒子は一般に加速や減速過程を経て移動している．この流体粒子に対してもニュートンの運動の第二法則が成り立ち，流体粒子の質量を m として，流体粒子に働く力は質量と加速度の積でなければならない．

$$\vec{F} = m\vec{a}$$

流体粒子が移動中には，圧力を考察したように，粒子には微小平均圧力と重力が働く．ここでは，簡単のため，粒子には粘性に伴うせん断応力が無視できるものとする．粘性は非常に重要な流体の性質であるが，流れの状態によって無視されることがあり，そのような近似を非粘性流れの取り扱いと呼ぶ．

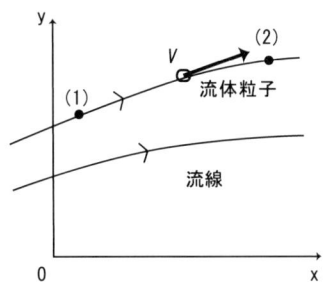

図 5.1 x − y 平面内における流れ

流体粒子の運動を取り扱うために座標系を導入する必要がある．最もよく使われるのが直交デカルト座標系 (x, y, z) であり，回転運動の記述には円筒座標系 (r, θ, z) が便利である．その他，極座標系なども用いられるが，ここではデカルト座標系を用いる．図 5.1 は流線とその上にある流体粒子と 2 次元デカルト座標系 (x, y) を示す．ある瞬間に図中の (1) にあった流体粒子が下流に移動して速度 V で運動していることを示している．流線に沿って長さ $s = s(t)$ が定義でき，曲線の曲率半径 $R(s)$ および速度ベクトルに垂直な法線方向 $\vec{n}$ が描かれている（図 5.2 参照）．流線の長さ $s(t)$ と速度 V の関係は速度の大きさ $V = ds/dt$ であり，曲率半径を描くことによって方向を理解できる．ニュートンの運動第二法則の加速度 $\vec{a}$ は $\vec{a} = d\vec{V}/dt$ と表され加速度成分は流線に沿った方向成分 a_s

と法線方向成分 a_n である．法線方向成分は曲率半径 R の曲線上を運動するときの遠心力を考え，それぞれ以下のように表される．

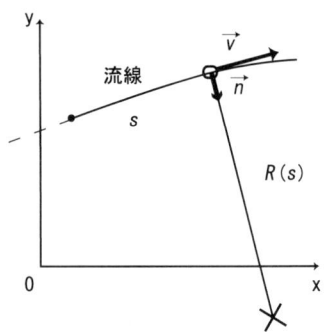

図 **5.2** 流線における流速ベクトルと法線方向

$$a_s = dV/dt = dV/ds \cdot ds/dt = dV/ds \cdot V,$$
$$a_n = V^2/R \tag{5.3}$$

ここで，合成関数 $V(t) = \phi(s(t))$ の微分法（連鎖律）を用いた．流体粒子に働く圧力と重力によってもたらされる正味の力によってこれらの加速度が生み出される．

5.3.1 流線に沿った運動の第二法則

ここではさらに流線に沿って移動する流体粒子に作用する力を考慮して運動の第二法則を用いる．流線に沿った方向では運動の第二法則は

$$\sum \delta F_s = \delta m a_s = \delta m V \frac{\partial V}{\partial s} \tag{5.4}$$

ここで，$\delta m = \rho \delta s \delta n \delta y$ である（図 5.3 参照）．$\sum \delta F_s$ は圧力と重力の流線方向成分の和である．重力の流線方向成分は図 5.3 より

$$\delta W_s = -\delta m g \sin \theta \tag{5.5}$$

前節で述べたように，圧力は流体粒子自身の重さにより一様ではなく $p = p(s, n)$ であり，

$$\nabla p = \partial p/\partial s \cdot \vec{s} + \partial p/\partial n \cdot \vec{n}$$

と表される．したがって，図 5.4 に示すように，(5.4) 式は

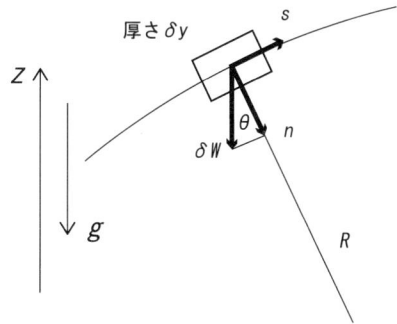

図 5.3 流れの中から微小流体粒子のとりだし

$$\left(-\gamma \sin\theta - \frac{\partial p}{\partial s}\right)\delta s \delta n \delta y = \rho \delta s \delta n \delta y V \frac{\partial V}{\partial s} \tag{5.6}$$

と表される．流体粒子に働く加速度は圧力勾配と流体粒子に対する重力の作用により発生し

$$-\gamma \sin\theta - \frac{\partial p}{\partial s} = \rho V \frac{\partial V}{\partial s} = \rho a_s \tag{5.7}$$

以上のように表すことができる．流線に沿って $\sin\theta = dz/ds$ である関係を使い，流線に沿って $dp = (dp/ds)ds$ であるため (5.7) 式は

$$-\gamma \frac{dz}{ds} - \frac{dp}{ds} = \frac{1}{2}\rho \frac{d(V^2)}{ds} \tag{5.8}$$

と表される．したがって，流線に沿って積分することができ

$$\int \frac{dp}{\rho} + \frac{1}{2}V^2 + gz = C \text{ (流線に沿って一定)} \tag{5.9}$$

ベルヌーイの方程式（ダニエル・ベルヌーイ，1738 年）と呼ばれる．定常でせん断応力が無視できる非粘性流れにおいて成り立つ．液体のように圧縮性が小さければ，密度は一定であるとして (5.9) 式は

$$p + \frac{1}{2}\rho V^2 + \gamma z = C \text{ (流線に沿って一定)} \tag{5.10}$$

と表される．成立の条件に注意しておく必要がある．

5.3.2 流線に垂直方向成分の運動の第二法則

前項と同様に流線に垂直方向成分に関する運動の第二法則を表す．加速度成分は曲率半径を使って表されたので，鉛直方向の力の成分を考え

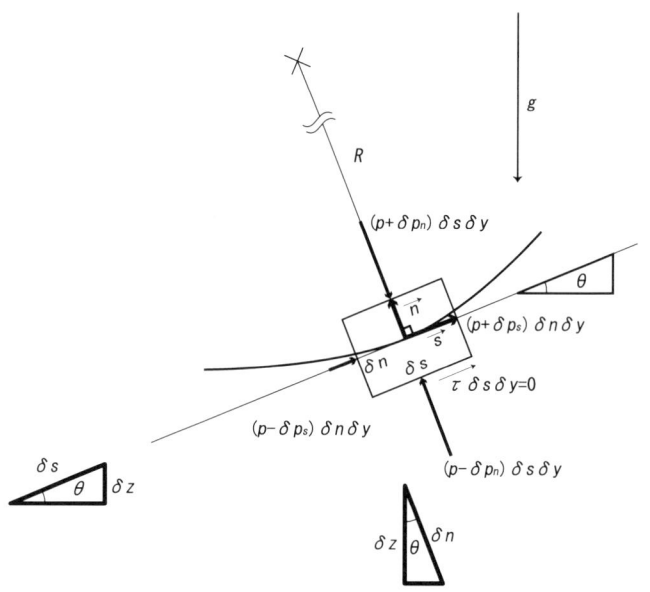

図 5.4 流体粒子にはたらく圧力と重力

ると

$$-\gamma \cos\theta - \frac{\partial p}{\partial n} = \rho \frac{V^2}{R} \tag{5.11}$$

または

$$-\gamma \frac{dz}{dn} - \frac{\partial p}{\partial n} = \frac{\rho V^2}{R} \tag{5.12}$$

と表される.

(5.12) 式において重力の影響が無視でき，軸対称な定常流では，半径方向を r とすると

$$\frac{dp}{dr} = \frac{\rho V^2}{r} \tag{5.13}$$

となる．ここで，流線は円であるので，法線方向と半径方向は向きが反対（$\partial/\partial n = -\partial/\partial r$）であることに注意する．図 5.5 には流線が円となる 2 種類の渦運動の流れが描かれている．図 5.5(a) は強制渦運動（$V \propto r$）で，(b) は自由渦運動（$V \propto 1/r$）という．そして，図 5.6 はそれぞれ対応する圧力分布を示している．ただし，式 (5.13) を積分するときに必要な積分定数（r_0 で p_0）を一致させた圧力分布が与えられている.

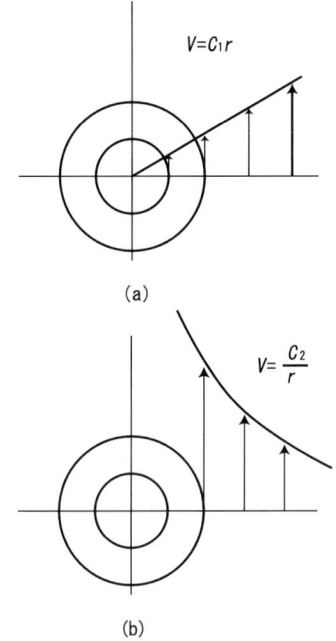

図 5.5 (a) 強制渦運動と (b) 自由渦運動

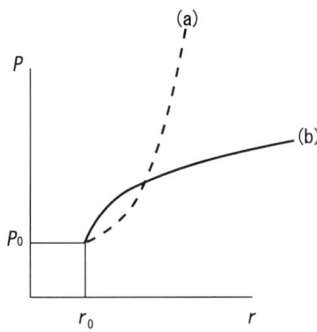

図 5.6 強制渦と自由渦における圧力分布

式 (5.12) を積分すると，非圧縮定常流れでは

$$p + \rho \int \frac{V^2}{R} dn + \gamma z = C \text{（流線に鉛直方向に一定）} \tag{5.14}$$

の関係が成り立つ．

一方，流線に沿って成り立つベルヌーイの方程式を比重量 γ で割って

$$\frac{p}{\gamma} + \frac{V^2}{2g} + z = C \tag{5.15}$$

と書くことができ，各項は長さの次元をもつことによって，それぞれ圧力水頭，速度水頭，位置水頭と呼ばれる．

5.3.3 ベルヌーイの定理の応用例

定常・非圧縮で非粘性流れでは流線に沿って成り立つ (5.15) 式を応用するときは，二つの点 (1) と (2) 間について

$$\frac{p_1}{\gamma} + \frac{V_1^2}{2g} + z_1 = \frac{p_2}{\gamma} + \frac{V_2^2}{2g} + z_2 \tag{5.16}$$

と表された形式を応用する．図 5.7 のような液体が満たされた容器からノズル（流体を加速するために形状が加工された機器）から流出する液体の速度を考える．流線に沿って (5.16) 式を用いると，以下の関係が得られる．

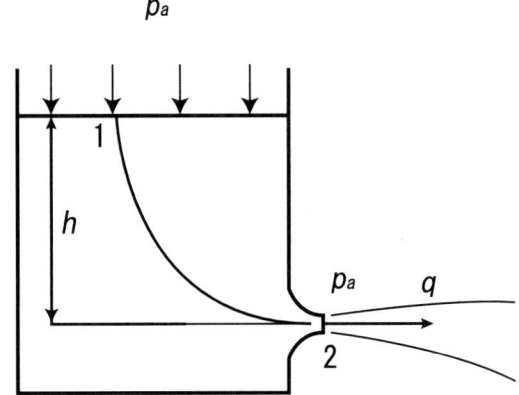

図 5.7 容器に満たされた液体の噴出

$$h = \frac{V^2}{2g} \tag{5.17}$$

したがって，ノズル出口の速度は

$$V = \sqrt{2gh} \tag{5.18}$$

と与えられる．トリチェリーの定理（1644年）という．

5.3.4 ピトー管

図5.8のような定常な流速 q を計測する装置をピトー静圧管またはピトー管という．図5.8中の総圧孔と横に取り付けた静圧孔より計測された圧力を p_0 と p' とする．一様流における圧力 p_∞ と p' が等しいように作られているので

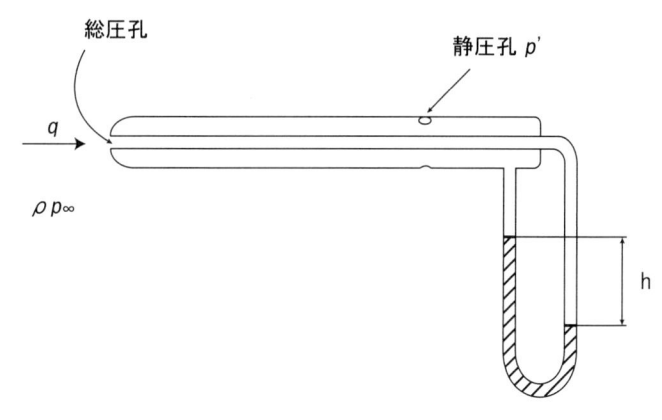

図 5.8 ピトー管

$$q = \sqrt{\frac{2(p_0 - p_\infty)}{\rho}} \tag{5.19}$$

で与えられる．U字管マノメータを用いて圧力差を測ることができるので，マノメータ内の液体の密度を ρ_w とし，液柱差を h とすれば

$$p_0 - p_\infty = \rho_w g h \tag{5.20}$$

の関係があるから，これを代入すると

$$q = \sqrt{\frac{2\rho_w g h}{\rho}} \tag{5.21}$$

を得る．

5.4 検査面解析

5.4.1 質量保存法則

定常流れにおいて流線は時間によらず一定であるので，図 5.9 に示すような閉曲線 C_1, C_2 の各点を通る流線によって一本の管ができ，流管と呼ぶ．一度流管に流入した流体はそのままそのなかを流れもう一方の閉曲線から流出する．閉曲線によって囲まれる面の断面積を A_1, A_2 とすると，断面平均流速 q_1 の流体は流出面では平均流速が q_2 に変化する．同様に断面平均密度を ρ_1, ρ_2 とすれば流管における質量保存則

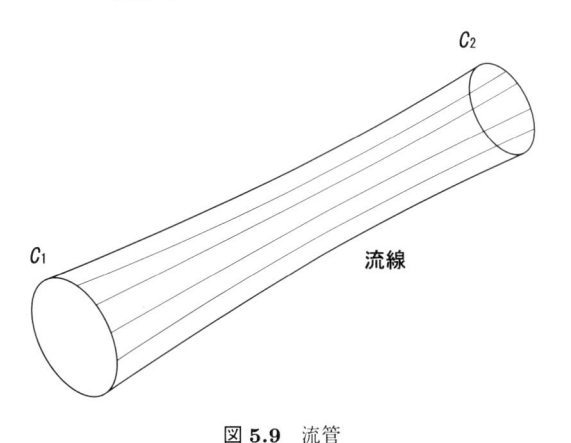

図 5.9 流管

$$\rho_1 q_1 A_1 = \rho_2 q_2 A_2 \tag{5.22}$$

が成り立つ．流管の断面 1，断面 2 および流管流線によって囲まれた立体面を定常流管に関する検査面と呼ぶことにする．

5.4.2 運動量の法則

検査面（CS）を通って運動量がどのように変化するか調べる．定常流管の場合，断面 1, 2 を通って流入・流出する運動量のみであり，流線は流管検査面と接しているので運動量の出入りはない．したがって，定常流においてニュートンの運動の第二法則を考えれば

$$\int_{cs} \vec{V} \rho \vec{V} \cdot \vec{n} dA = \sum \vec{F}_{cv} \tag{5.23}$$

定常流管では，左辺の x 方向成分は以下のように与えられる．

$$\rho_2 q_2^2 A_2 \cos\theta_2 - \rho_1 q_1^2 A_1 \cos\theta_1 \tag{5.24}$$

(5.24) 式の右辺の x 方向性成分 F_x と釣り合う．ここで，θ_1, θ_2 はそれぞれ流入，流出速度ベクトルと x 軸とのなす角度を表す．

5.4.3 運動量の法則の応用

深さが h の容器から噴出する噴流の速度は $q = \sqrt{2gh}$ であった．その密度を ρ，またノズルの断面積を A としてこの噴流が容器に及ぼす反力を求めてみよう．図 5.10 のように検査面をとり，運動量の法則 (5.23) 式を適用する．単位時間当たりの流出運動量は $\rho q^2 A$ で，流入運動量は 0 で大気圧はいたるところ一定であるので，容器に働く力は $F = -\rho q^2 A$ である．

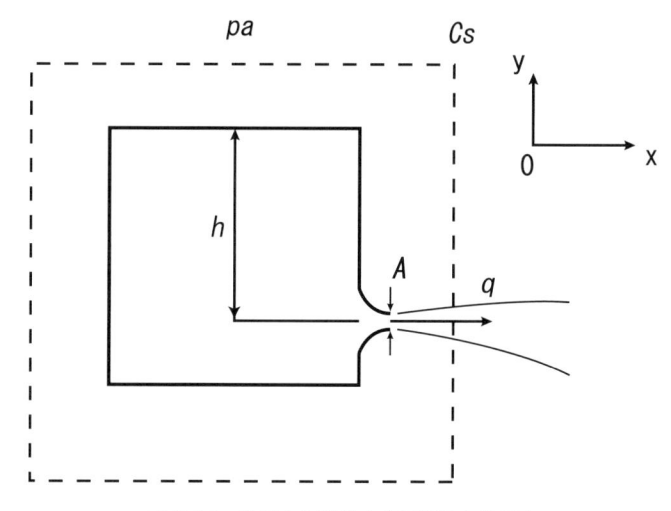

図 5.10 容器から流出する噴流による反力

第2編

第6章 流体運動の記述方法

6.1 ラグランジェとオイラーの記述法

先生：運動している流体のとらえ方について説明します．力学でよく紹介される雨滴の運動を例にとります．その運動は一次元的にあらわされ，鉛直下向きに重力 mg が働きその反対向きに空気から受ける抵抗力 D（速度 $\vec{v}$ の大きさ $|\vec{v}|$ に比例するとして：$D = km|\vec{v}|$）が働いているとします．時刻 $t = 0$ においてその位置を (a) とし初期速度を v_0 とすれば，微分方程式を解くことによって，時刻 t における雨滴の位置 (x) は

$$x = f(a,t) = \frac{g}{k}t + \frac{1}{k}\left(v_0 - \frac{g}{k}\right)\left(1 - e^{-kt}\right) + a \tag{6.1}$$

となり，具体的な関数形が表されることがわかるでしょう．形式的に 3 次元運動として記述すると

$$\begin{aligned} x &= f_1(a,b,c,t) \\ y &= f_2(a,b,c,t) \\ z &= f_3(a,b,c,t) \end{aligned} \tag{6.2}$$

さらに，この雨滴が仮りに非常にたくさんあるとして，ある雨滴 j は同様な形で

$$\begin{aligned} x_j &= f_{j1}(a_j,b_j,c_j,t) \\ y_j &= f_{j2}(a_j,b_j,c_j,t) \\ z_j &= f_{j3}(a_j,b_j,c_j,t) \end{aligned} \tag{6.3}$$

と書きます．流体粒子の運動も一つの雨滴の運動を表す関数形と本質的に同じ物だと気付くでしょう．流体力学では連続的に存在する媒質が微小な流体粒子ですきまなく構成されているとすると，多数の雨滴の例に見られるように，それらの流体粒子の運動を同様な表現で記述して運動を表すとしてよいと考えられるわけです．独立変数は時刻 t とそれぞれの粒子の初期位置 (a_j, b_j, c_j)（物質座標と呼びます）であり，従属変数は (x_j, y_j, z_j) で，それは粒子の軌跡群になっています．流体運動を流体粒子の軌跡として記述する方法をラグランジェの方法と呼びます．

明子さん：雨滴の例えはわかりやすいし具体的な関数がわかっているからイメージをつかむことができます．

洋平君：雨滴に働く力く空気の低抗力は相互作用による力だから，近接している流体粒子間の力と重力のような遠距離の力に分けて理解していると流体運動も考えやすくなるかもしれません．

先生：近接力と遠隔力との差異に気付いてくれたことは流体運動の理解を深めます．

先生：つぎにオイラーの記述法における流体粒子に及ぼす加速度を表してみましょう．流体粒子の速度を $\vec{V}$，位置ベクトル $\vec{r}$ とすると，この流体粒子の軌跡は図 6.1 のように表されことは理解できるでしょう．速度ベクトル $\vec{V}$ は時刻 t と位置ベクトル $\vec{r}$ の関数であり，速度差 $\Delta \vec{V}$ は以下のように

$$\begin{aligned}\Delta \vec{V} &= \vec{V}_2 - \vec{V}_1 \\ &= \vec{V}(t+\Delta t, \vec{r}+\Delta \vec{r}) - \vec{V}(t,\vec{r}) \\ &\cong \frac{\partial \vec{V}}{\partial t}\Delta t + \frac{\partial \vec{V}}{\partial x}u\Delta t + \frac{\partial \vec{V}}{\partial y}v\Delta t + \frac{\partial \vec{V}}{\partial z}w\Delta t\end{aligned} \quad (6.4)$$

と近似されます．この近似は時間について 1 次の項を使って書いているので 2 次以上の項を無視しています．ラグランジェの方法において流体粒子に及ぼす加速度 $\vec{a}$ が

$$\frac{d\vec{V}}{dt} = \vec{a} \quad (6.5)$$

であったことを思い起こせば，(6.4) 式の第 2〜4 項が新たにあらわれていることがわかり，その差が明確になると思います．これをオイラーの記述法におけるラグランジェ微分や物質微分といいます．位置ベクトル r で表される流

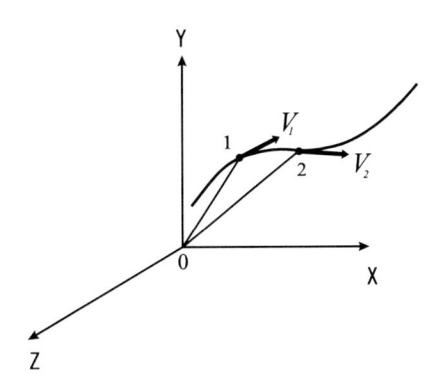

図 6.1　オイラーの記述法

体粒子の運動を描く方法になっています．流体力学では

$$\frac{D}{Dt} = \frac{\partial}{\partial t} + u\frac{\partial}{\partial x} + v\frac{\partial}{\partial y} + w\frac{\partial}{\partial z} \qquad (6.6)$$

というように特別な記号 $\frac{D}{Dt}$ を用います．物質微分は単に加速度のみならずさまざまな流体力学物理量の解析において有効です．たとえば，温度場 T が流れ場とともにどのように変化するか見るためには，ラグランジェ微分

$$\frac{DT}{Dt} = \frac{\partial T}{\partial t} + u\frac{\partial T}{\partial x} + v\frac{\partial T}{\partial y} + w\frac{\partial T}{\partial z} = \frac{\partial T}{\partial t} + \vec{V}\cdot\nabla T \qquad (6.7)$$

によって記述されます．最後のベクトル表現に慣れてほしいと思います．

明子さん：ラグランジェの記述法がわかりやすいのに，何故二つの記述法があるのですか．

先生：ラグランジェの記述法とオイラーの記述法は同じ流れを取り扱っており，同一の現象を異なる視点で見ていることになります．流線を定義したように流体粒子が移動したことによって空間座標と対応する速度場が得られます．定常流の例で見られるように流線上を流体粒子が時々刻々移動して速度や加速度の大きさが空間座標毎に割り当てられます．ラグランジェの方法では (6.5) 式のように運動方程式の加速度項の取り扱いが明快です．一方，オイラーの方法では，粘性流れにおける粘性率のような物性値を用い応力場を使うと複雑な粘性影響が運動方程式の中でわかりやすく，ただ，加速度は (6.6) 式のように流体粒子が移動していることを考慮して書き直す必要があります．また，速度場とともに応力場を用いると，固体壁の影響を壁近傍の流体運動と壁面に働く力の関係として理解できます．

6.2 流体の変形と回転

> 先生：流体の特徴を表す内容に，固体と違って大きく自由に変形することがあげられます．加えていた力を取り除くと形がもとに戻る弾性体と異なり，もとに戻らない媒質だと考えてください．

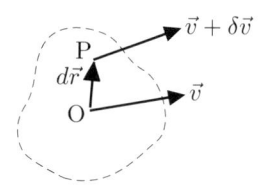

図 6.2 流体粒子

変形する様子を記述するために，微小流体粒子を考える．微小な大きさをもつ粒子には重心（図中では O と記述する．）に対する並進速度と回転運動があることは力学でまなんだことである．流体粒子内の任意の点 P においては相対速度 $\delta\vec{v}$ が以下のように表される．Taylor 展開の 1 次の項までで表されるとすると

$$\delta\vec{v} = (d\vec{r} \cdot \nabla)\vec{v} \tag{6.8}$$

ここでは，わかりやすくするため，正方形の形状の流体粒子は図 6.3 に示すように四つの変形要素に分けて考えることができる．並進と線形変位（伸びと縮み），回転と形状角度変形を表す．速度勾配 $\frac{\partial u}{\partial x}$ によって x 方向の体積の変化 ΔV は

$$\Delta V = \frac{\partial u}{\partial x}\delta x \delta y \delta z (\delta t) \tag{6.9}$$

同様に y,z 方向の体積変化を加えると

$$\Delta V = \left[\frac{\partial u}{\partial x} + \frac{\partial v}{\partial y} + \frac{\partial w}{\partial z}\right]\delta x \delta y \delta z (\delta t) \tag{6.10}$$

と表される．したがって，単位体積当たりの体積変化率 $\frac{1}{\delta V}\frac{d(\Delta V)}{dt}$ は

$$\frac{\partial u}{\partial x} + \frac{\partial v}{\partial y} + \frac{\partial w}{\partial z} = \nabla \cdot \vec{u} \tag{6.11}$$

と表され，これを体積膨張率と呼ぶ．

たとえば $\partial u/\partial x dx$ などの対角成分は体積を変化させるが，形状は変え

(6.8) 式 $\delta\vec{v} = (d\vec{r} \bullet \nabla)\vec{v}$ は以下のように表される．

$$\delta\vec{v} = \frac{1}{2}E\begin{bmatrix}dx\\dy\\dz\end{bmatrix} + \frac{1}{2}D\begin{bmatrix}dx\\dy\\dz\end{bmatrix}$$

ただし，

$$E = \begin{bmatrix} 2\frac{\partial u}{\partial x} & \frac{\partial u}{\partial y}+\frac{\partial v}{\partial x} & \frac{\partial u}{\partial z}+\frac{\partial w}{\partial x} \\ \frac{\partial v}{\partial x}+\frac{\partial u}{\partial y} & 2\frac{\partial v}{\partial y} & \frac{\partial v}{\partial z}+\frac{\partial w}{\partial y} \\ \frac{\partial w}{\partial x}+\frac{\partial u}{\partial z} & \frac{\partial w}{\partial y}+\frac{\partial v}{\partial z} & 2\frac{\partial w}{\partial z} \end{bmatrix}$$

$$D = \begin{bmatrix} 0 & \frac{\partial u}{\partial y}-\frac{\partial v}{\partial x} & \frac{\partial u}{\partial z}-\frac{\partial w}{\partial x} \\ \frac{\partial v}{\partial x}-\frac{\partial u}{\partial y} & 0 & \frac{\partial v}{\partial z}-\frac{\partial w}{\partial y} \\ \frac{\partial w}{\partial x}-\frac{\partial u}{\partial z} & \frac{\partial w}{\partial y}-\frac{\partial v}{\partial z} & 0 \end{bmatrix}$$

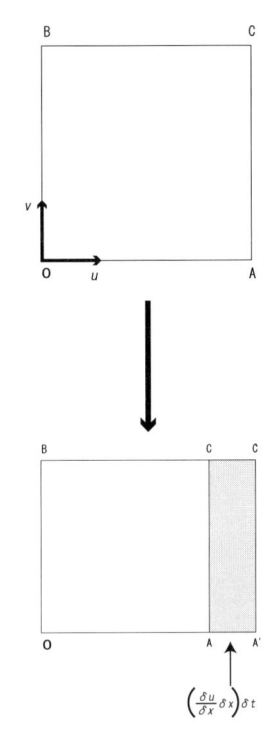

図 **6.3** 流体要素の線形変形

ない．一方，$\partial u/\partial y \delta y$ などの非対角成分を見てみると，流体粒子を回転運動やずれ運動（形状の変化）を表すことがわかる．回転角速度 $\omega_{\mathbf{OA}}$ は OA が回転する角度変化率 $\delta\alpha/\delta t$ に対応し，微小角 $\delta\alpha$ は図 6.4 に示すように

$$\delta\alpha = \frac{\partial v}{\partial x}\delta t \tag{6.12}$$

と表されるので，$\partial v/\partial x$ による回転角速度 $\omega_{\mathbf{OA}}$ は $\partial v/\partial x$ に等しいことがわかる．また，$\partial u/\partial y$ が正であれば時計まわりの方向，すなわち流体粒子の角度を変形させ，負であれば反時計回りの方向，すなわち回転角速度 $\omega_{\mathbf{OB}}$ は流体粒子を回転することになる．

この非対角成分の効果をまとめると

$$\frac{1}{2}\left(\frac{\partial v}{\partial x}+\frac{\partial u}{\partial y}\right) = \frac{1}{2}\gamma_{xy}, \quad \frac{1}{2}\left(\frac{\partial v}{\partial x}-\frac{\partial u}{\partial y}\right) = \Omega_z \tag{6.13}$$

と分解すれば対称成分と反対称成分で表される．対称成分からはずれ運動を反対称成分によっては剛体回転運動（回転角速度）が与えられるこ

直交変換

座標軸間の角を直角に保ったまま方向を変える変換を直交変換と呼ぶ．

$$\left.\begin{array}{l}x = x'\cos\alpha - y'\sin\alpha \\ y = x'\sin\alpha + y'\cos\alpha\end{array}\right\}$$

$$\left.\begin{array}{l}x' = x\cos\alpha + y\sin\alpha \\ y' = -x\sin\alpha + y\cos\alpha\end{array}\right\}$$

これらの関係式は表のように書き下すことができる．

	x	y
x'	$\cos\alpha$	$\sin\alpha$
y'	$-\sin\alpha$	$\cos\alpha$

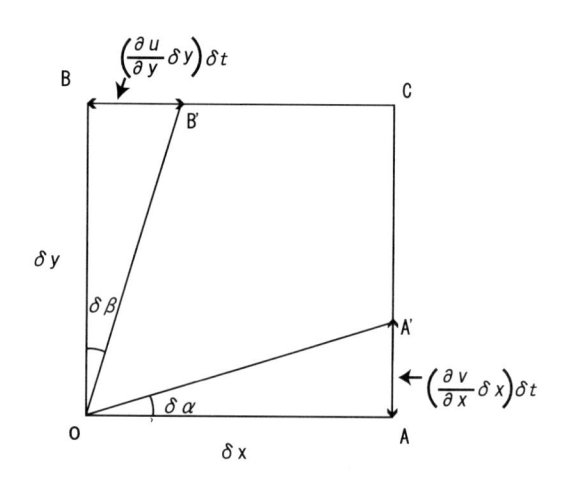

図 6.4 流体要素の角度変化と変形

とがわかる．

ガウスの定理とストークスの定理

1) ガウスの定理
閉曲面 A によって囲まれた空間 V があって，ベクトル場 $\vec{F}$ およびその 1 階の偏導関数が閉曲面 A も含めて空間 V ですべて連続であれば

$$\int_V \mathrm{div}\vec{F}\,dV = \int_A \vec{F}\bullet\vec{n}\,dA$$

が成立する．これをガウスの積分定理という．$\vec{n}$ は曲面に対して外向きを正とする法線単位ベクトルである．

2) ストークスの定理
閉曲線 C で囲まれた曲面 S があって，ベクトル場 $\vec{F}$ およびその偏導関数が閉曲線 C および閉曲面 S で連続であれば

$$\oint_C \vec{F}\bullet d\vec{l} = \int_S (\mathrm{curl}\vec{F})\bullet\vec{n}\,dS$$

が成り立つ．
流体力学においては渦度と循環の関係を表す方法になる．

6.3 渦運動

渦度 (vorticity) を定義しよう．

$$\vec{\omega} = \nabla \times \vec{v} = \mathrm{curl}\,\vec{v} \tag{6.14}$$

ここで ∇ は勾配演算子であったことを思い出そう．$\vec{i},\vec{j},\vec{k}$ を基本ベクトルとして

$$\nabla \equiv \left(\frac{\partial}{\partial x}\vec{i} + \frac{\partial}{\partial y}\vec{j} + \frac{\partial}{\partial z}\vec{k}\right) \tag{6.15}$$

と定義される．外積を実行すると

$$\left(\frac{\partial w}{\partial y} - \frac{\partial v}{\partial z}, \frac{\partial u}{\partial z} - \frac{\partial w}{\partial x}, \frac{\partial v}{\partial x} - \frac{\partial u}{\partial y}\right) \tag{6.16}$$

となる．剛体回転の角速度 Ω の 2 倍になっていることがわかる．curl の定義は，$\vec{n}$ を面 S の法線ベクトルとすると

$$\vec{n}\cdot\mathrm{curl}\,\vec{v} = \lim_{S\to 0}\frac{1}{S}\oint \vec{v}\cdot d\vec{l} \tag{6.17}$$

である．一方，流管と同じように例えば定常状態にある渦管を見よう．

$$\frac{dx}{\xi} = \frac{dy}{\eta} = \frac{dz}{\zeta} \tag{6.18}$$

を満たす渦線群を束ねると渦管となる．

> 洋平君：曲線の集まりが管になっている様子は流管では管内流をイメージしてわかりましたが，渦管では同じような管状になっているのでしょうか．観察することができるのでしょうか．
>
> 先生：最近の DNS（直接数値シミュレーション）による結果を参照すると，小さな渦構造においても形状は管になっているものが観察されます．図 6.5 は乱流章で説明する等方性乱流における渦度が比較的大きな形状の瞬間的構造を示しています．一方，実験室で観察される渦運動を写真で紹介します．ヘアピン渦といって壁付近に発達する渦です（図 6.6 参照）．渦管を曲げた形状をして壁にくっ付いています．折り曲げたところは互いに反対の回転をしています．もう一方は，図 6.7 に示すように，流速に大きな差がある混合層の中に見出される渦運動です．渦自身が隣の渦とお互いの周りを回って一つになっていく様子が観察されます．
>
> 洋平君：乱流 DNS の結果を見るとずいぶん複雑で細かな形状ですね．森のなかに林がありさらにそのなかに渦の管があるように見えます．一方，ヘアピン渦や混合層中の渦運動は大きくきれいに見えます．渦はたいへん興味深い運動をしますね．

6.4 循環

> 先生：循環（circulation）という言葉は流体工学ではいろいろな場面でしばしばあらわれる重要な概念です．この言葉は一度説明されてもなかなか理解が深まりにくいものの一つです．まず，イメージとして捕らえやすいように流管と同じように管状の渦管を考えます．渦管の断面形状が円に近い形をしているとすると，その切り口を見ると十分細い渦管の集合でつくられていると見ましょう．これが循環の大きさを表します．循環密度に渦管面積をかけた大きさをいうわけです．これは，さらに渦管を取り囲む縁での積分で表されます．
>
> $$\oint \vec{v} \cdot d\vec{l} \qquad (6.19)$$
>
> さきほど curl を定義したことを参照すると有限な閉曲線で定義される量であることがわかります．微分ではなく積分で表される量であるため，閉曲線のなかにある渦の微視的現象を積分的にマクロに評価することができ流体工学に

とっては好都合な概念です．

　循環や渦度のことは流体力学における基本ですので，第3編で用いてもう一度お話します．

🎥 movie6.1
ヘアピン渦側面
🎥 movie6.2
ヘアピン渦上面

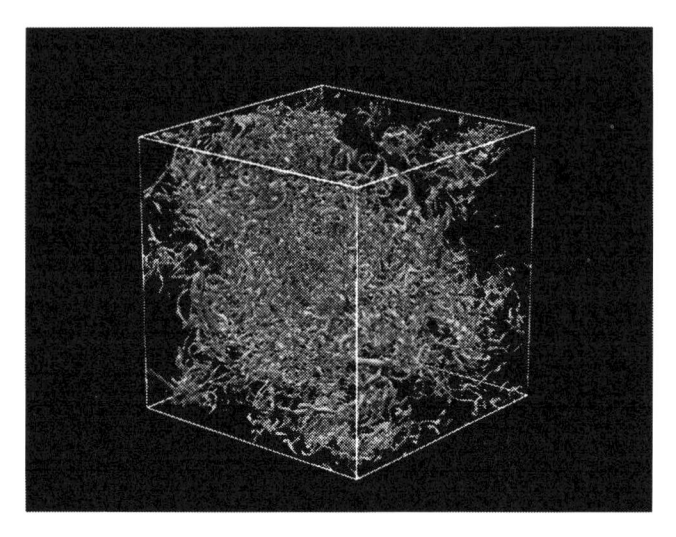

図 6.5　一様等方性乱流における等渦度面（山本稀義氏のご厚意による）

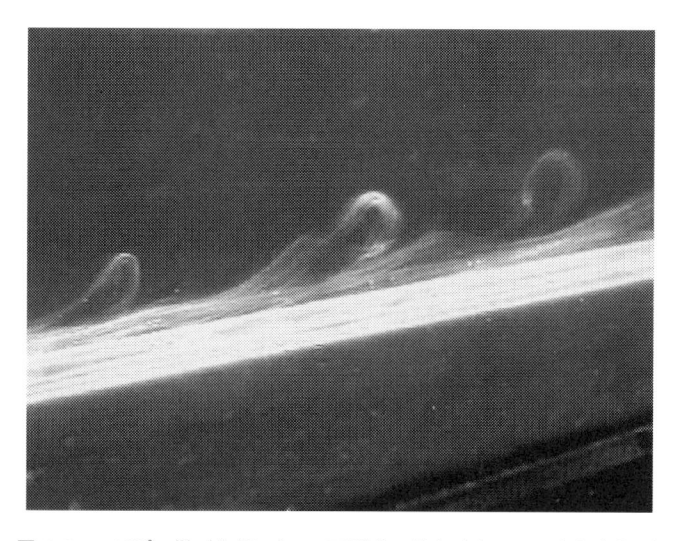

図 6.6　ヘアピン渦（染料によって可視化：流れは左やや下から右上へ）

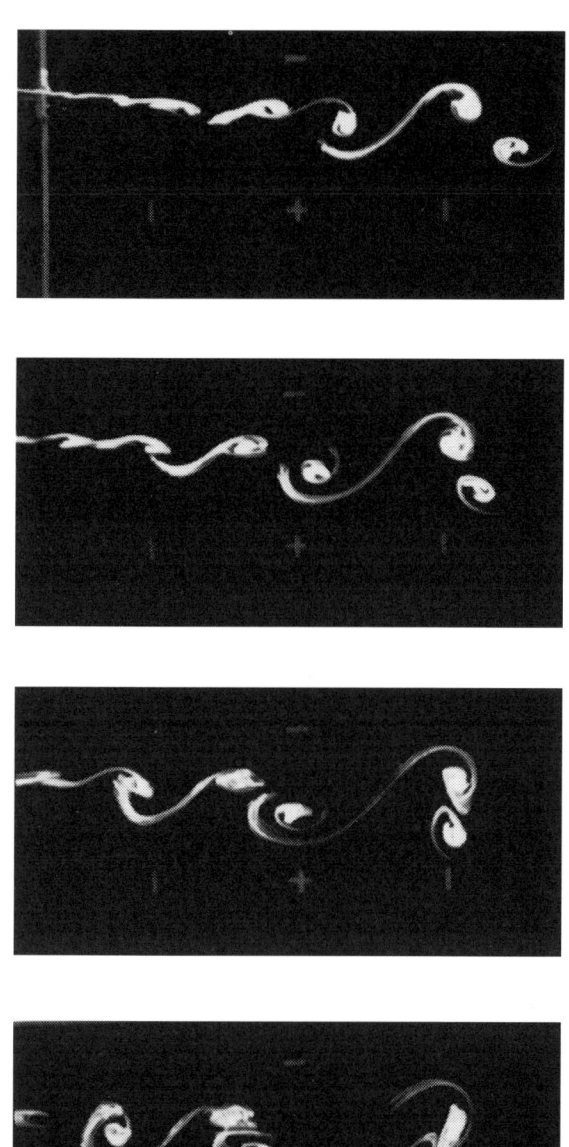

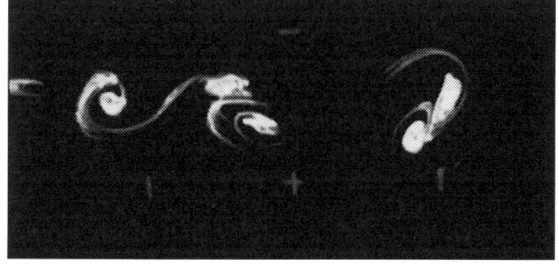

図 6.7　混合層内の渦運動の時間変化（(a) から (d) まで等時間間隔）

6.4　循環　41

第7章 基礎方程式

7.1 連続の方程式

検査面を使って質量保存則を 5.4 節で求めた.

$$\frac{\partial}{\partial t}\int_{cv}\rho dV + \int_{cs}\rho\vec{V}\cdot\vec{n}dA = 0 \tag{7.1}$$

左辺第一項は検査体積内（CV）における質量増加率であり第二項は検査表面（CS）を通って質量の流入・流出正味量を表す．図 7.1 に示されているように微小立方体の x 方向に流入・流出する質量は以下のように表される．

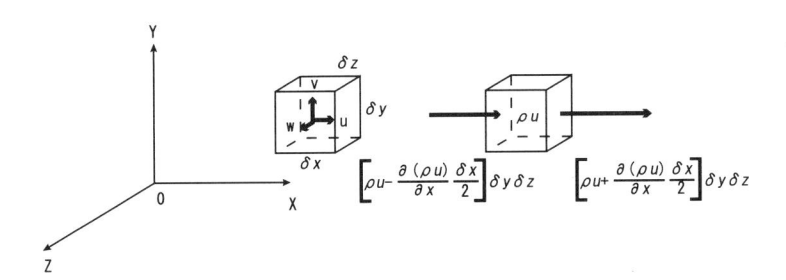

図 **7.1** 質量保存に関する微分要素

$$\begin{aligned}&\left[\rho u + \frac{\partial(\rho u)}{\partial x}\frac{\delta x}{2}\right]\delta y \delta z - \left[\rho u - \frac{\partial(\rho u)}{\partial x}\frac{\delta x}{2}\right]\delta y \delta z \\ &= \frac{\partial(\rho u)}{\partial x}\delta x \delta y \delta z\end{aligned} \tag{7.2}$$

したがって，微小立方体から流出する正味の質量は

$$\left[\frac{\partial(\rho u)}{\partial x} + \frac{\partial(\rho v)}{\partial y} + \frac{\partial(\rho w)}{\partial z}\right]\delta x \delta y \delta z \tag{7.3}$$

となる．(7.1) 式で与えた左辺第二項に対応する微分形である．非定常項は

$$\frac{\partial \rho}{\partial t}\delta x \delta y \delta z$$

に対応するので，連続の方程式を微分形で書けば

$$\frac{\partial \rho}{\partial t} + \frac{\partial(\rho u)}{\partial x} + \frac{\partial(\rho v)}{\partial y} + \frac{\partial(\rho w)}{\partial z} = 0 \tag{7.4}$$

と表される．

7.2 運動方程式

検査面を使って定常流について運動量保存則を 5.4.2 項で与えた．ここでは非定常流に拡張して

$$\frac{\partial}{\partial t}\int_{cv} \vec{V}\rho dV + \int_{cs} \vec{V}\rho \vec{V}\cdot \vec{n} dA = \sum \vec{F}_{cv} \tag{7.5}$$

となる．左辺第一項は検査体積内（CV）における運動量増加率であり第二項は検査表面（CS）を通って流出する正味の運動量変化である．右辺は検査体積内の流体に働く力を表す．図 7.2 に示すような微小立方体に働く応力 σ_{xx} および τ_{xy}, τ_{xz} を考え，運動方程式を微分形で表す．粘性流体の流れにおいては，微小立方体には法線応力と接線応力が働いている．これらの応力によって働く x 方向の力 δF_x は，図 7.3 に示すように

$$\delta F_x = \left(\frac{\partial \sigma_{xx}}{\partial x} + \frac{\partial \tau_{yx}}{\partial y} + \frac{\partial \tau_{zx}}{\partial z}\right)\delta x \delta y \delta z \tag{7.6}$$

と表される．他の方向の力も同様にして

$$\delta F_y = \left(\frac{\partial \tau_{xy}}{\partial x} + \frac{\partial \sigma_{yy}}{\partial y} + \frac{\partial \tau_{zy}}{\partial z}\right)\delta x \delta y \delta z,$$

$$\delta F_z = \left(\frac{\partial \tau_{xz}}{\partial x} + \frac{\partial \tau_{yz}}{\partial y} + \frac{\partial \sigma_{zz}}{\partial z}\right)\delta x \delta y \delta z \tag{7.7}$$

と表される．微小立方体に働く力は

$$\delta \vec{F} = \delta F_x \vec{i} + \delta F_y \vec{j} + \delta F_z \vec{k} \tag{7.8}$$

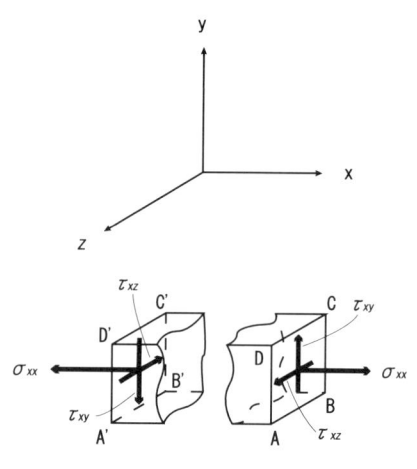

図 **7.2** 法線応力と接線応力

と示すことができる.

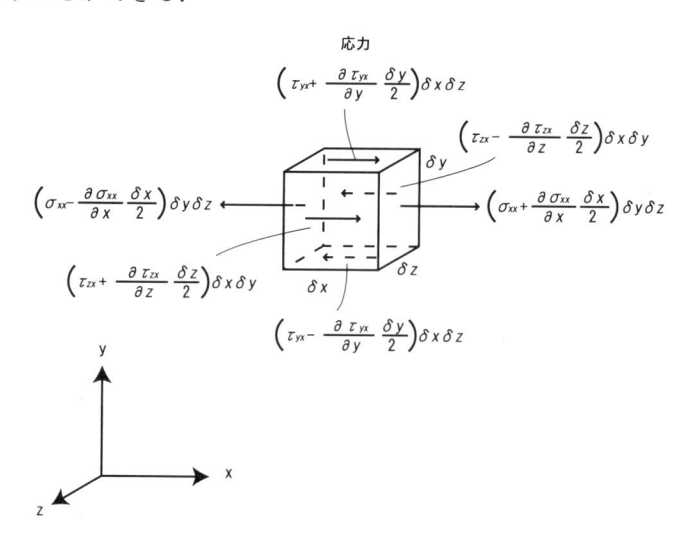

図 **7.3** x 方向に作用する面積力

加速度が $D\vec{u}/Dt$ であったことを使うと，運動方程式は

$$\rho\left(\frac{\partial u}{\partial t}+u\frac{\partial u}{\partial x}+v\frac{\partial u}{\partial y}+w\frac{\partial u}{\partial z}\right)=\rho g_x+\left(\frac{\partial \sigma_{xx}}{\partial x}+\frac{\partial \tau_{yx}}{\partial y}+\frac{\partial \tau_{zx}}{\partial z}\right) \quad (7.9\text{a})$$

$$\rho\left(\frac{\partial v}{\partial t}+u\frac{\partial v}{\partial x}+v\frac{\partial v}{\partial y}+w\frac{\partial v}{\partial z}\right)=\rho g_y+\left(\frac{\partial \tau_{xy}}{\partial x}+\frac{\partial \sigma_{yy}}{\partial y}+\frac{\partial \tau_{zy}}{\partial z}\right) \quad (7.9\text{b})$$

$$\rho\left(\frac{\partial w}{\partial t}+u\frac{\partial w}{\partial x}+v\frac{\partial w}{\partial y}+w\frac{\partial w}{\partial z}\right)=\rho g_z+\left(\frac{\partial \tau_{xz}}{\partial x}+\frac{\partial \tau_{yz}}{\partial y}+\frac{\partial \sigma_{zz}}{\partial z}\right) \quad (7.9c)$$

となる．非粘性流においては，接線応力が働かないことより法線応力は向きによらず一定である．すなわち

$$-p = \sigma_{xx} = \sigma_{yy} = \sigma_{zz} \quad (7.10)$$

と表される．これを**オイラーの運動方程式**（オイラー，1757年）と呼ぶ．

$$\rho\left(\frac{\partial u}{\partial t}+u\frac{\partial u}{\partial x}+v\frac{\partial u}{\partial y}+w\frac{\partial u}{\partial z}\right)=-\frac{\partial p}{\partial x}+\rho g_x \quad (7.11)$$

$$\rho\left(\frac{\partial v}{\partial t}+u\frac{\partial v}{\partial x}+v\frac{\partial v}{\partial y}+w\frac{\partial v}{\partial z}\right)=-\frac{\partial p}{\partial y}+\rho g_y \quad (7.12)$$

$$\rho\left(\frac{\partial w}{\partial t}+u\frac{\partial w}{\partial x}+v\frac{\partial w}{\partial y}+w\frac{\partial w}{\partial z}\right)=-\frac{\partial p}{\partial z}+\rho g_z \quad (7.13)$$

第8章 粘性流体の流れ

　応力はひずみ率と線形関係にあるので，直交デカルト座標系では垂直応力は以下のように表される．ただし，ここでは非圧縮性流体の場合を考え，圧縮性流体については次章で述べる．

$$\begin{aligned}\sigma_{xx} &= -p + 2\mu\frac{\partial u}{\partial x} \\ \sigma_{yy} &= -p + 2\mu\frac{\partial v}{\partial y} \\ \sigma_{zz} &= -p + 2\mu\frac{\partial w}{\partial z}\end{aligned} \tag{8.1}$$

ここで，垂直応力の平均値の符号が負の値が圧力と一致することに注意されたい．一方，せん断応力は

$$\begin{aligned}\tau_{xy} = \tau_{yx} &= \mu\left(\frac{\partial u}{\partial y} + \frac{\partial v}{\partial x}\right) \\ \tau_{yz} = \tau_{zy} &= \mu\left(\frac{\partial v}{\partial z} + \frac{\partial w}{\partial y}\right) \\ \tau_{zx} = \tau_{xz} &= \mu\left(\frac{\partial w}{\partial x} + \frac{\partial u}{\partial z}\right)\end{aligned} \tag{8.2}$$

と表される．詳しくは文献 Tritton 著『Physical Fluid Dynamics:Oxford Publications』を参照していただきたい．

8.1 ナヴィエ・ストークス方程式

非圧縮性粘性流体の運動方程式は前章で述べた応力式を代入することによって得られる.

$$\rho\left(\frac{\partial u}{\partial t}+u\frac{\partial u}{\partial x}+v\frac{\partial u}{\partial y}+w\frac{\partial u}{\partial z}\right)$$
$$=-\frac{\partial p}{\partial x}+\rho g_x+\mu\left(\frac{\partial^2 u}{\partial x^2}+\frac{\partial^2 u}{\partial y^2}+\frac{\partial^2 u}{\partial z^2}\right) \tag{8.3a}$$

$$\rho\left(\frac{\partial v}{\partial t}+u\frac{\partial v}{\partial x}+v\frac{\partial v}{\partial y}+w\frac{\partial v}{\partial z}\right)$$
$$=-\frac{\partial p}{\partial y}+\rho g_y+\mu\left(\frac{\partial^2 v}{\partial x^2}+\frac{\partial^2 v}{\partial y^2}+\frac{\partial^2 v}{\partial z^2}\right) \tag{8.3b}$$

$$\rho\left(\frac{\partial w}{\partial t}+u\frac{\partial w}{\partial x}+v\frac{\partial w}{\partial y}+w\frac{\partial w}{\partial z}\right)$$
$$=-\frac{\partial p}{\partial z}+\rho g_z+\mu\left(\frac{\partial^2 w}{\partial x^2}+\frac{\partial^2 w}{\partial y^2}+\frac{\partial^2 w}{\partial z^2}\right) \tag{8.3c}$$

左辺が加速度項で右辺が力に関する項を示している.この方程式は**ナヴィエ・ストークス方程式**(ナヴィエ,1822年,ストークス,1845年)と呼ばれる.連続の式とこの運動方程式を用いることによって,非圧縮性流体の運動は数学的には未知量(u, v, w と p)に関する四つの連立方程式になっている.さらに,運動方程式は数学的には非線型方程式であり,二階の偏微分方程式になっている.したがって,限られた流れについてのみ数学的な解析解が得られているが,その解は実験結果と非常によく一致しており,ナヴィエ・ストークス方程式が非圧縮性流れの支配方程式であるとみなされている.

8.2 力学的相似則

相似法則は次元解析においてすでに説明したが,ここでは支配方程式を使って厳密に証明してみよう.幾何学的に相似条件が満足されている場合,どのような条件が必要か非圧縮性流れの場合に例をとって述べる.(8.3) 式において,簡単のため,2次元基礎方程式をここで考え,その x と y 方向成分を調べる.ただし,重力の方向は y 方向を向いているとする.まず,方程式の無次元化を行うため,代表長さや代表速度を L や V とすると

$$x'=x/L, y'=y/L$$

$$u' = u/V, v' = v/V$$

同様に時間や圧力は参照時間 τ や参照圧力 p_0 を使うと

$$t' = t/\tau$$
$$p' = p/p_0$$

のように無次元量で表すことができる．したがって，ナヴィエ・ストークス方程式は

$$\left(\left[\frac{L}{\tau V}\right]\frac{\partial u'}{\partial t'} + u'\frac{\partial u'}{\partial x'} + v'\frac{\partial u'}{\partial y'}\right)$$
$$= -\left[\frac{p_0}{\rho V^2}\right]\frac{\partial p'}{\partial x'} + \left[\frac{\mu}{\rho V L}\right]\left(\frac{\partial^2 u'}{\partial x'^2} + \frac{\partial^2 u'}{\partial y'^2}\right) \quad (8.4)$$

$$\left(\left[\frac{L}{\tau V}\right]\frac{\partial v'}{\partial t'} + u'\frac{\partial v'}{\partial x'} + v'\frac{\partial v'}{\partial y'}\right)$$
$$= -\left[\frac{p_0}{\rho V^2}\right]\frac{\partial p'}{\partial y'} + \left[\frac{gL}{V^2}\right] + \left[\frac{\mu}{\rho V L}\right]\left(\frac{\partial^2 v'}{\partial x'^2} + \frac{\partial^2 v'}{\partial y'^2}\right) \quad (8.5)$$

(8.4) 式と (8.5) 式において括弧の中の項は標準無次元数またはその逆数である．(8.4) 式の左辺第一項はストローハル数，右辺第一項はオイラー数，第二項にあらわれる ν/UL は次元解析の章で説明した無次元量の逆数で ($\rho VL/\mu$) が**レイノルズ数** (レイノルズ，1883 年) と呼ばれる粘性流体における基本的な無次元量 (パラメータ) である．(8.5) 式の右辺第二項はフルード数の自乗の逆数である．レイノルズ数は慣性力 ((8.4) 式左辺) と粘性力 ((8.4) 式右辺第二項) の比である．

これまで示した解析では一般的な場合を取り扱っている．すなわち，非定常流れで圧力のレベル p_0 や重力の影響はどちらも重要であるとしている．これらの条件を少なくすることによって，力学的相似パラメータの数 (いくつの力学的相似則を要求するか) を減らすことができる．たとえば，定常流れにおいてはストローハル数 $L/\tau V$ を含む項は不要になる．また，流れのなかで水が蒸気に変化するような場合は，流れにおける圧力レベル p_0 が重要になるが，そうでなければ圧力 p_0 は ρV^2 (一般に $\frac{1}{2}\rho V^2$ で) で無次元化されるがオイラー数に関する相似則は必要でない．フルード数は自由表面をもつ流れにおいて重要であり，自由表面の形はフルード数に影響される．自由表面がない流れにおいては，重力の影響は流れによって発生した圧力分布に静水圧 ρgy の分布を加え合わせた形

であらわれる．しかし，圧力 p から静水圧 $\rho g y$ を差し引くことによって，無次元化した基礎方程式からフルード数が消え去る．

したがって，自由表面のない非圧縮性定常流れにおいては，幾何学的に相似な二つの流れにおいてレイノルズ数が一致することによって力学的相似則が成り立つことが結論される．

また，自由表面が存在する場合はフルード数に関する相似性が必要になる．自由表面の波（重力波）をもつ流れにおいては表面張力が重要でないとしているが，表面張力があらわれる場合は，ウェーバー数 $\rho V^2 L/\sigma$ が追加されるべき相似パラメータになる．ただし，σ は表面張力を表す．

> 先生：力学的相似則には流体力学における骨格のような役割があることがわかっていただけたと思います．
>
> 明子さん：ウェーバー数のなかにある表面張力が重要というのはどのような流れですか．
>
> 先生：気体と接する液体表面がある場合には，そこでは表面張力が働いています．たとえば，味噌汁の椀のなかで見かける流れにおいては，後でお話する暖かい液体に浮力が働く場合，上昇する暖かい流れがより冷えた表面に到達するときに表面において表面張力が働きます．表面に規則的なセル模様が見えることがありますね．今日では，表面張力によって駆動される対流運動をマランゴニ対流と呼んでいます．

8.3　非圧縮性粘性流れの例

平行平板間の流れに見られるように，粘性によって壁面付近の流れが徐々に0に近付く流れを実現することができる．定常な粘性流を層流と呼ぶ．境界条件を設定しよう．粘性流体は物体表面に付着し，物体と相対速度が0である．

8.3.1　2次元ポアゼイユ流れ（ポアゼイユ，1840年）

流れ方向に x 軸，平板に垂直に y 軸をとれば，ナヴィエ・ストークス方程式は

$$\frac{\partial^2 u}{\partial y^2} = \frac{1}{\mu}\frac{\partial p}{\partial x},\ \frac{\partial p}{\partial y} = 0,\ \frac{\partial p}{\partial z} = 0 \tag{8.6}$$

となる．u は y のみの関数で，圧力 p は x のみの関数である．したがって，積分することによって速度分布

$$u = \frac{1}{2\mu}\frac{dp}{dx}y^2 + C_1 y + C_2 \tag{8.7}$$

が得られる．境界条件は壁面 $(y=0, y=2h)$ で $u=0$ であるから，積分定数は

$$C_1 = \frac{h}{\mu}\left(-\frac{dp}{dx}\right), C_2 = 0 \tag{8.8}$$

である．

8.3.2　2次元クエット流れ（クエット，1890年）

境界条件は $y=0$ で $u=0$ と $y=2h$ で $u=U$ であるから

$$C_1 = \frac{U}{2h} + \frac{h}{\mu}\left(-\frac{dp}{dx}\right), C_2 = 0 \tag{8.9}$$

積分定数が与えられる．したがって，速度分布は

$$u = \frac{1}{2\mu}\frac{dp}{dx}y^2 - \frac{h}{\mu}\frac{dp}{dx}y + \frac{U}{2h}y \tag{8.10}$$

と与えられる．どちらの流れについても平行流の特徴をもつ定常解は定常ナヴィエ・ストークス方程式の解であり，方程式のどの項も省略しない解になっているので厳密解と呼ぶ．

8.3.3　円管ポアゼイユ流れ（ハーゲン，1839年，ポアゼイユ，1840年）

図 8.1 に示すように，微小領域 $r\delta\phi\delta r\delta x$ における力の釣り合いを考える．2次元ポアゼイユ流れと同様に，平行流 $(v_r = v_\theta = 0)$ であって u は r のみの関数 $u(r)$ である．微小領域 $r\delta\phi\delta r\delta x$ の片側にかかる粘性による力は

$$\mu\left(\frac{\partial u}{\partial r}\right)r\delta\phi\delta x \tag{8.11}$$

と表される．両面に作用する粘性力による x 方向の正味の力は

$$\mu\frac{\partial}{\partial r}\left(r\frac{\partial u}{\partial r}\right)\delta r\delta\phi\delta x \tag{8.12}$$

と表される．一方，微小領域 $r\delta\phi\delta r\delta x$ の片面 $r\delta\phi\delta r$ に働く圧力は

$$pr\delta\phi\delta r \tag{8.13}$$

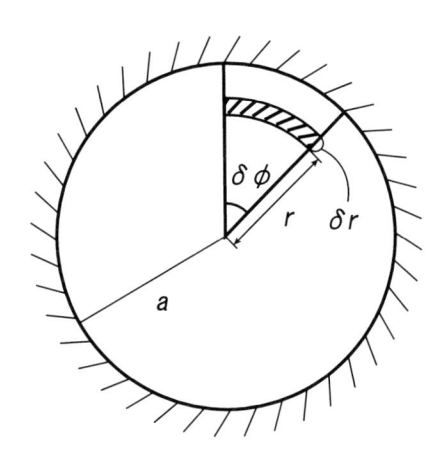

図 8.1 円管流における微小領域の定義

であり，両側に作用する圧力による x 方向の力は

$$-\frac{\partial p}{\partial x} r \delta x \delta \phi \delta r \tag{8.14}$$

と表される．したがって，釣り合いの式は

$$\mu \frac{\partial}{\partial r}\left(r \frac{\partial u}{\partial r}\right) \delta r \delta \phi \delta x = \frac{\partial p}{\partial x} r \delta r \delta \phi \delta x \tag{8.15}$$

と表される．よって，圧力勾配と粘性力による釣り合いの式は

$$\mu \frac{\partial}{\partial r}\left(r \frac{\partial u}{\partial r}\right) = \frac{\partial p}{\partial x} r \tag{8.16}$$

で与えられ，u は r のみの関数 $u(r)$ であるので，積分すると

$$u = \frac{1}{4\mu}\frac{\partial p}{\partial x} r^2 + C_1 \ln r + C_2 \tag{8.17}$$

x 軸上で速度は無限大になることはないので，$C_1 = 0$ であり，境界条件 $r = a$ で $u = 0$ であるから

$$u = \frac{1}{4\mu}\frac{\partial p}{\partial x}(r^2 - a^2) \tag{8.18}$$

速度分布は放物線であることがわかる．(7.1) 式の第二項を使って流量を求めると

$$\int_0^a \rho 2\pi r u dr = \frac{\pi \rho(-\partial p/\partial x)a^4}{8\mu} = \frac{\pi \rho(p_1 - p_2)a^4}{8\mu l} \tag{8.19}$$

と書け，ハーゲン・ポアゼイユの法則と呼ぶ．実験観察とよく一致していることが知られており，粘着条件や連続体であることやそれに働く応力とひずみの関係（ニュートン流体）が証明されるきっかけとなった．また，圧力勾配から粘性係数を調べる原理を示していることでも重要である．さらに，壁面に働く粘性応力が

$$\tau = \frac{a}{2}\frac{\partial p}{\partial x} \tag{8.20}$$

と与えられるので，管壁にわたって積分すると流体による摩擦力を求めることができる．この流れをさきほどの2次元流とともに層流解という．ここで，管直径 $d = 2a$ と断面平均速度 V を使ってレイノルズ数 Re

$$Re = \frac{\rho V d}{\mu} \tag{8.21}$$

となり，管内流における重要な無次元数である．実験的には，$Re = 2000$ 程度まで層流解が得られる．層流管内流に対して乱れた流れを管内乱流と呼ぶ．

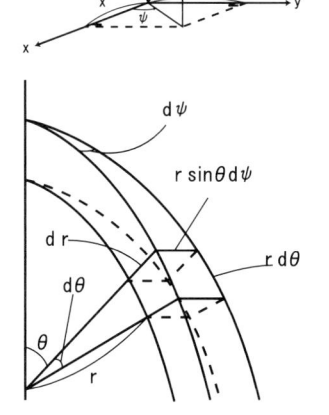

3次元極座標

3次元極座標では，原点 O から点 P までの距離 r，z 軸と OP との角 θ，OP を含み xy 面に垂直な平面と xz 平面の角 φ を座標として用いる．直交座標と極座標の関係は以下のようになる．

$$\begin{cases} x = r\sin\theta\cos\varphi \\ y = r\sin\theta\sin\varphi \\ z = r\cos\theta \end{cases}$$

一方，球の体積を求めるとき，図のように微小体積は

$$dr(rd\theta)(r\sin\theta d\varphi) = r^2 \sin\theta d\theta d\varphi dr$$

である．したがって，半径 R の球の体積が以下のように求められる．

$$V = \int_0^R r^2 dr \int_0^\pi \sin\theta d\theta \int_0^{2\pi} d\varphi$$
$$= \frac{4\pi}{3}R^3$$

第 9 章
圧縮性粘性流体の流れ

> 先生：この教科書では，非圧縮性粘性流体の流れを学んだ後に圧縮性粘性流体について述べます．粘性応力から見た圧縮性流れの特徴の一つが見出せるためです．圧縮性流れの特徴は第 3 編で述べるように波動性が重要な特徴です．垂直衝撃波について述べられている節では，波動性と衝撃波内部で粘性応力が重要になることを見てください．

9.1 粘性応力

気体の性質は，高速で流れることによって部分的に体積膨張や圧縮を受けることから，非圧縮性流体で述べたような体積膨張率 $\nabla \cdot \vec{u} = 0$ と異なる圧縮性流体としての性質をもっている．その性質を再び流体変形ひずみと応力の関係から取り扱う．

第 8 章で表された非圧縮性流れに関する法線応力 $\sigma_{xx}, \sigma_{yy}, \sigma_{zz}$ を平均してみると

$$\frac{1}{3}\left(\sigma_{xx} + \sigma_{yy} + \sigma_{zz}\right) = -p + \frac{2}{3}\mu\left(\frac{\partial u}{\partial x} + \frac{\partial v}{\partial y} + \frac{\partial w}{\partial z}\right) \tag{9.1}$$

体積膨張率が 0 であるため，平均値は静水圧力と等しい．(8.1) 式, (8.2) 式で表された法線応力と接線応力においてはこの圧力項を別に取り扱い

$$\sigma_{xx} = -p + \mu\left(\frac{\partial u}{\partial x} + \frac{\partial u}{\partial x}\right), \tau_{yx} = \mu\left(\frac{\partial v}{\partial x} + \frac{\partial u}{\partial y}\right) \tag{9.2}$$

速度勾配テンソルの対称成分をひずみ速度テンソルと呼び，上式では

$$e_{xx} = \frac{\partial u}{\partial x}, e_{yx} = \frac{1}{2}\left(\frac{\partial v}{\partial x} + \frac{\partial u}{\partial y}\right) \tag{9.3}$$

がひずみ速度成分となり，3次元では九つの成分をもつことがわかる．

ニュートン流体において応力はひずみ速度と線形関係があるので，これらテンソルの間の線形関係を以下のように記述できる．

$$\sigma_{ij} = -p\delta_{ij} + \lambda \delta_{ij} e_{kk} + 2\mu e_{ij} \tag{9.4}$$

クロネッカーの δ_{ij}

$$\delta_{ij} = \begin{cases} 1, i = j \\ 0, i \neq j \end{cases}$$

アインシュタインの縮約

$$e_{kk} = e_{11} + e_{22} + e_{33}$$

一般的な証明はここでは省略するが，ひずみ速度テンソル e_{ij} の0次と1次（線形関係）である．μ は粘性率で λ は第二粘性率と呼び，非圧縮性流体の場合と同じように法線応力の平均をとると

$$\frac{1}{3}(\sigma_{xx} + \sigma_{yy} + \sigma_{zz}) = -p + \left(\lambda + \frac{2}{3}\mu\right)\left(\frac{\partial u}{\partial x} + \frac{\partial v}{\partial y} + \frac{\partial w}{\partial z}\right) \tag{9.5}$$

である．圧縮性流体における圧縮や膨張の差（右辺第二項が正または負）によっては熱力学的圧力が変化しないと考えると，体積膨張率にかかる係数が0となると仮定することができる．ストークスの仮説と呼び

$$\lambda = -\frac{2}{3}\mu \tag{9.6}$$

と表す．空気ではよい近似になっていることが知られている．したがって，(9.4)式における粘性率が与えられ，圧縮性流体の特徴を表すのは体積膨張項を含む応力項の対角成分にあらわれる．一方，この近似があてはまらない二酸化炭素が大部分を占める水星や金星大気などの気体に対しては，体積粘性率 μ_v を使って

$$\sigma_{ij} = -p\delta_{ij} + 2\mu\left(e_{ij} - \frac{1}{3}e_{kk}\delta_{ij}\right) + \mu_v e_{kk} \delta_{ij} \tag{9.4'}$$

と表すことができる．

9.2 理想気体

ここで，理想気体の関係式で表される気体について，もう少し詳しく述べてみよう．理想気体では内部エネルギー e は温度だけの関数であるから，定積比熱 C_v は

$$C_v = \left(\frac{de}{dT}\right)_v \tag{9.7}$$

添え字 v は比容積 $v(=1/\rho)$ を一定にした微分を表す．したがって，比容積も温度 T だけの関数である．一方，エンタルピー h は内部エネルギーを使って

$$h = e + p/\rho \tag{9.8}$$

理想気体では，内部エネルギーは温度だけの関数であり，また右辺第二項 p/ρ は状態方程式よりエンタルピー h は温度だけの関数である．定圧比熱 C_p は

$$C_p = \left(\frac{dh}{dT}\right)_p \tag{9.9}$$

と定義され，理想気体では温度のみの関数となる．状態方程式を用いると

$$C_p - C_v = R \tag{9.10}$$

と表され，その差は温度によらないことがわかり，また $C_p > C_v$ で比熱比 γ を以下のように定義すると

$$\gamma = C_p/C_v \tag{9.11}$$

定圧比熱と定積比熱は

$$C_p = \frac{\gamma R}{\gamma - 1} \tag{9.12}$$

$$C_v = \frac{R}{\gamma - 1} \tag{9.13}$$

と表される．実際の気体では比熱比 γ はわずかに温度に依存するが，ここでは温度によらず一定であるとする．

9.3 エネルギー方程式

連続方程式 (7.4) 式は圧縮性流れに関する支配方程式の一つになっており，運動方程式 (7.9) 式において，(9.4) 式の応力項を採用することによって圧縮性流体の運動を記述するもう一つの支配方程式となる．熱力学の基本法則（エネルギーやエントロピーに関する）と流体の運動とどのような関係があるか本節で述べる．

熱力学の第一法則（エネルギー保存則）は，系に加えた熱量を dQ と仕事を dW とすると

$$dE_t = dQ + dW \tag{9.14}$$

運動している流体粒子に対しては全エネルギー E_t は内部エネルギーのみならず運動エネルギーおよびポテンシャルエネルギーを含む．

$$E_t = \rho(e + \frac{1}{2}V^2 - \vec{g}\cdot\vec{r}) \tag{9.15}$$

運動方程式と同様に，微分形式にラグランジェ微分を用いると

$$\frac{DE_t}{Dt} = \frac{DQ}{Dt} + \frac{DW}{Dt} \tag{9.16}$$

と表される．熱量 Q はフーリエの法則によって与えられる．単位面積当たりの熱流束ベクトル $\vec{q}$ は以下のように与えられる．

$$\vec{q} = -k\nabla T \tag{9.17}$$

ここで，加えられた熱量 Q は，単位体積当たりの熱流束 $\vec{q}$ の出入りが

$$-\mathrm{div}\vec{q} \tag{9.18}$$

であるので

$$\frac{DQ}{Dt} = -\mathrm{div}\vec{q} \tag{9.19}$$

と表すことができる．一方，図 9.1 に示すように，$dydz$ 面に働く応力 $\sigma_{xx}, \sigma_{xy}, \sigma_{xz}$ によって，単位時間・単位面積当たり

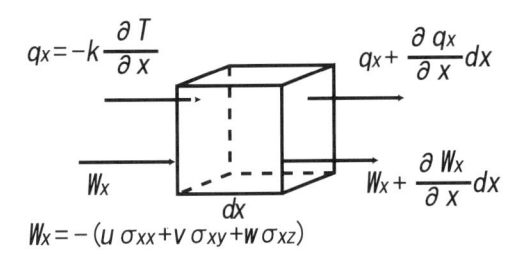

図 9.1 熱と仕事の x 方向変化

$$w_x = -(u\sigma_{xx} + v\sigma_{xy} + w\sigma_{xz}) \tag{9.20}$$

の仕事（エネルギー流束）が与えられる．立方体において単位体積あたりでは

$$\frac{DW}{Dt} = -\text{div}\vec{w} \tag{9.21}$$

と表される．右辺は

$$-\text{div}\vec{w} = \nabla \cdot (\vec{V} \cdot \sigma_{ij}) = \vec{V} \cdot (\nabla \cdot \sigma_{ij}) + \sigma_{ij}\frac{\partial u_i}{\partial x_j} \tag{9.22}$$

であり，第一項は運動方程式を用いると

$$\vec{V} \cdot (\nabla \cdot \sigma_{ij}) = \rho(V\frac{DV}{Dt} - \vec{g} \cdot \vec{V}) \tag{9.23}$$

である．これは（9.15）式における運動エネルギーとポテンシャルエネルギーに一致しているので代入すると消える．これらの結果をまとめると

$$\rho\frac{De}{Dt} = \text{div}(k\nabla T) + \sigma_{ij}\frac{\partial u_i}{\partial x_j} \tag{9.24}$$

また

$$\sigma_{ij}\frac{\partial u_i}{\partial x_j} = -p\frac{\partial u_i}{\partial x_i} + \tau_{ij}\frac{\partial u_i}{\partial x_j} \tag{9.25}$$

第一項は流体を圧縮するときの単位時間当たりの仕事を表し，第二項は粘性による運動エネルギー散逸熱を表している．簡便に

$$\Phi = \tau_{ij}\frac{\partial u_i}{\partial x_j} \tag{9.26}$$

と書き，散逸関数とも呼び，熱力学の第二法則に一致し常に正値をもつ．エンタルピー h

$$h = e + \frac{p}{\rho} \tag{9.27}$$

を導入すると

$$\rho\frac{Dh}{Dt} = \frac{Dp}{Dt} + \text{div}(k\nabla T) + \Phi \tag{9.28}$$

を得る．理想気体では

$$dh = C_p dT \tag{9.29}$$

アインシュタインの縮約

$e_{kk} = e_{11} + e_{22} + e_{33}$

エンタルピーは
$$h = C_p T = \frac{\gamma}{\gamma-1}\frac{p}{\rho} \tag{9.30}$$
と表され，(9.28) 式に代入すると
$$\rho C_p \frac{DT}{Dt} = \frac{Dp}{Dt} + \mathrm{div}(k\nabla T) + \Phi \tag{9.31}$$
ここで，低速流れでは流体の運動エネルギー U^2 はエンタルピー変化 $C_p \Delta T$ と比べて非常に小さい．Dp/Dt や Φ はオーダーが U^2 であるので，非圧縮性流れという極限では
$$\rho C_p \frac{DT}{Dt} \approx \mathrm{div}(k\nabla T) \tag{9.32}$$
と表すことができ，さらに熱伝導度が一定であるとすると
$$\rho C_p \frac{DT}{Dt} \approx k\nabla^2 T \tag{9.33}$$
非圧縮性流体における熱輸送方程式が得られる．一方，(9.30) 式より
$$\frac{Dp}{Dt} = -\gamma p \frac{\partial u_i}{\partial x_i} + (\gamma-1)(\mathrm{div}(k\nabla T) + \Phi) \tag{9.34}$$
最後に，ギブス基礎関係式
$$T ds = dh - dp/\rho \tag{9.35}$$
を使うとエントロピーの釣り合い方程式
$$\rho T \frac{Ds}{Dt} = \mathrm{div}(k\nabla T) + \Phi \tag{9.36}$$
が得られる．

先生：エネルギー方程式は熱力学の第一法則を流れる場合に書き換えたことがわかってもらえたと思います．

明子さん：エネルギー保存という原理は一つですが，エネルギー方程式はいろいろな書き方がされるのですね．

先生：内部エネルギー e，エンタルピー h，温度 T，圧力 p，さらにエントロピー s を変数とした形式を示しましたが，これ以外に全エネルギーを変数としたものも導けます．また，低速流れにおけるエネルギー方程式の導出によって，非圧縮性流れと考えられるような低速の流れと圧縮性流れとして取り扱

う必要がある流体の運動エネルギーが大きい高速流れとの関係も流体現象の理解を深める上では大切ですね．

9.4 垂直衝撃波

定常な平面波動（圧縮波）が衝撃波になっているときを考えよう．衝撃波前後の状態は一様であるとする．流れは1次元的であり，定常1次元の連続の式，運動方程式およびエネルギー方程式に従うとする．各方程式を積分すると

$$\rho u = (\rho u)_a \tag{9.37}$$

$$p + \rho u^2 - \tau_{11} = p_a + (\rho u^2)_a \tag{9.38}$$

$$\rho e_T u + pu - \tau_{11} u + q_1 = (\rho e_T u)_a + (pu)_a \tag{9.39}$$

ここで，添え字 a は上流の状態を表す．ただし，$e_T = e + \frac{1}{2}u^2$ である．上流では一様な状態であるので，τ_{11}, q_1 は0であるとする．全エンタルピー $h_T = e_T + p/\rho = C_p T + u^2/2$ を使ってエネルギー方程式を書き換える．

$$\mu\left[\left(\frac{k}{\mu C_p}\right) C_p \frac{\partial T}{\partial x} + \frac{4}{3}\frac{\partial}{\partial x}\left(\frac{u^2}{2}\right)\right] = (\rho u) h_T - (\rho u)_a h_{Ta} \tag{9.40}$$

空気のプラントル数 $\mathrm{Pr} = \mu C_p/k$ が3/4であるとすれば，連続の式(9.37)式とエネルギー方程式(9.40)式より

$$\frac{d}{dx}[h_T - h_{Ta}] = \frac{3}{4}\frac{(\rho u)_a}{\mu}[h_T - h_{Ta}] \tag{9.41}$$

となる．上流条件は $h_T = h_{Ta}$ であるので，**解析解は $h_T = h_{Ta}$ である．**ただし

$$\frac{\gamma}{\gamma-1}\frac{p}{\rho} + \frac{u^2}{2} = h_T$$

である．この関係を衝撃波前後の不連続物理量に使うと，下流の物理量を添え字bを使って表し，式(9.38)より，

$$\frac{\gamma}{\gamma-1}\frac{p_a}{\rho_a} + \frac{u_a^2}{2} = \frac{\gamma}{\gamma-1}\frac{1}{\rho_b}\{p_a + (\rho u^2)_a - (\rho u^2)_b\} + \frac{u_b^2}{2}$$

すなわち，
$$\frac{\gamma}{\gamma-1}p_a\left(1-\frac{\rho_a}{\rho_b}\right) = \frac{\gamma}{\gamma-1}\frac{\rho_a}{\rho_b}\{(\rho u^2)_a - (\rho u^2)_b\} - \frac{\rho_a u_a^2}{2} + \frac{\rho_a u_b^2}{2}$$

連続の式 (9.37) を使うことによって，
$$\frac{\gamma}{\gamma-1}p_a\left(1-\frac{u_b}{u_a}\right) = \frac{\gamma}{\gamma-1}\frac{u_b}{u_a}(\rho u)_a(u_a - u_b) - \frac{\rho_a}{2}(u_a^2 - u_b^2)$$

となる．左辺は，以下のように整理される．
$$\frac{\gamma}{\gamma-1}p_a = \frac{\gamma}{\gamma-1}u_b(\rho u)_a - \frac{\rho_a u_a}{2}(u_a + u_b)$$

したがって，全エンタルピーに密度を掛けると
$$\rho_a h_{Ta} = \frac{\gamma}{\gamma-1}u_b(\rho u)_a - \frac{\rho_a u_a u_b}{2} = \frac{\gamma+1}{2(\gamma-1)}(\rho u)_a u_b$$

となる．

運動方程式 (9.38) 式より，連続の式を使って，
$$-u\tau_{11} = p_a u - p u + (\rho u)_a u(u_a - u)$$
であるので，全エンタルピーを使って書き換えると，
$$p_a u = \frac{\gamma-1}{\gamma}u\rho_a h_{Ta} - \frac{\gamma-1}{2\gamma}(\rho u)_a u_a u$$

であることに注意して
$$-u\tau_{11} = \frac{\gamma-1}{\gamma}(\rho u)_a \frac{u}{u_a} h_{Ta} - \frac{\gamma-1}{\gamma}(\rho u) h_T - \frac{\gamma-1}{2\gamma}(\rho u)_a u(u_a - u)$$
$$+ (\rho u)_a u(u_a - u)$$

とあらわされる．ここで，解析解 $h_T = h_{Ta}$ の関係より
$$-u\tau_{11} = \frac{\gamma-1}{\gamma}(\rho u)_a h_{Ta}\left(\frac{u}{u_a}-1\right) - \frac{\gamma-1}{2\gamma}(\rho u)_a u(u_a - u)$$
$$+ (\rho u)_a u(u_a - u)$$

以上，右辺をまとめると，
$$-u\tau_{11} = \frac{\gamma+1}{2\gamma}(\rho u)_a u_a u_b\left(\frac{u}{u_a}-1\right) + \frac{\gamma+1}{2\gamma}(\rho u)_a u(u_a - u)$$
$$= \frac{\gamma+1}{2\gamma}(\rho u)_a(u_a - u)(u - u_b)$$

となる．したがって運動方程式は
$$\frac{du}{dx} = -\frac{3}{4}\left(\frac{(\rho u)_a}{2\mu}\right)\left(\frac{\gamma+1}{\gamma}\right)\frac{(u_a - u)(u - u_b)}{u} \tag{9.42}$$

のようになる．粘性率が一定であるときは，積分公式より

$$\frac{u_a}{(u_a-u_b)}\ln\left|\frac{2(u_a-u)}{(u_a-u_b)}\right| - \frac{u_b}{(u_a-u_b)}\ln\left|\frac{2(u-u_b)}{(u_a-u_b)}\right|$$
$$= -\frac{3}{8}\frac{(\gamma+1)}{\gamma}\frac{(\rho u)_a}{\mu}x \tag{9.43}$$

不定積分公式

$$\int \frac{x}{(px+q)(ax+b)}dx$$
$$= \frac{1}{aq-bp}\left[\frac{q}{p}\log|px+q| - \frac{b}{a}\log|ax+b|\right]$$

を参照

速度分布は x に対して陰的に表される．また，式 (9.42) は τ_{11} の表現に用いることができるので，エネルギー方程式における熱流束項 $q_1 = -k\partial T/\partial x$ より衝撃波に伴う温度分布を与えることができる．

$$\frac{dT}{dx} = -\frac{1}{k}\left[(\rho h_T u)_a - (\rho u)_a\left(C_p T + \frac{1}{2}u^2\right) + \frac{4}{3}\mu\frac{du}{dx}u\right] \tag{9.44}$$

実際は粘性係数や熱伝導度は温度の関数であるので，数値積分をして衝撃波内部構造を与えることができる．これらの関係は図 9.2 に示す．

一方，垂直衝撃波前後の一様性より τ_{11} と $q_1 = -k\partial T/\partial x$ を省略して前後の物理量の関係を与えることができる．その結果

$$(\rho u)_a = (\rho u)_b \tag{9.45}$$

$$p_a + (\rho u^2)_a = p_b + (\rho u^2)_b \tag{9.46}$$

$$\frac{\gamma}{\gamma-1}\frac{p_a}{\rho_a} + \frac{u_a^2}{2} = \frac{\gamma}{\gamma-1}\frac{p_b}{\rho_b} + \frac{u_b^2}{2} \tag{9.47}$$

となり，衝撃波前後の物理量のジャンプは

$$\frac{u_b}{u_a} = \frac{\rho_a}{\rho_b} = \frac{(\gamma+1)+(\gamma-1)p_b/p_a}{(\gamma-1)+(\gamma+1)p_b/p_a} \tag{9.48}$$

が得られる．ランキン–ユゴニオ (Rankin-Hugoniot) の関係式と呼ばれる．

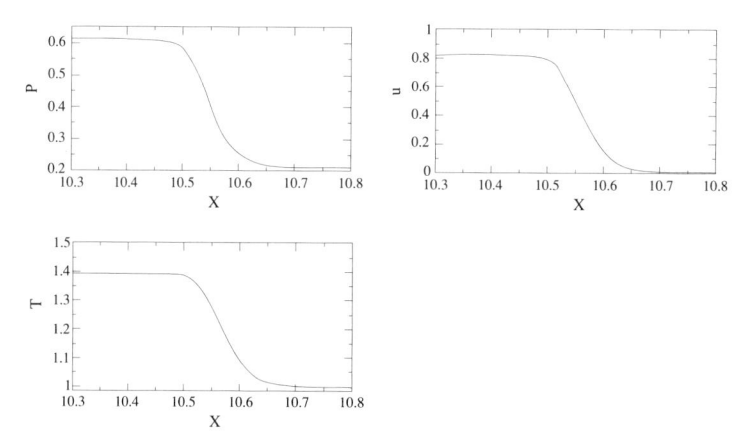

図 9.2 内部構造をもつ衝撃波

第10章 対流

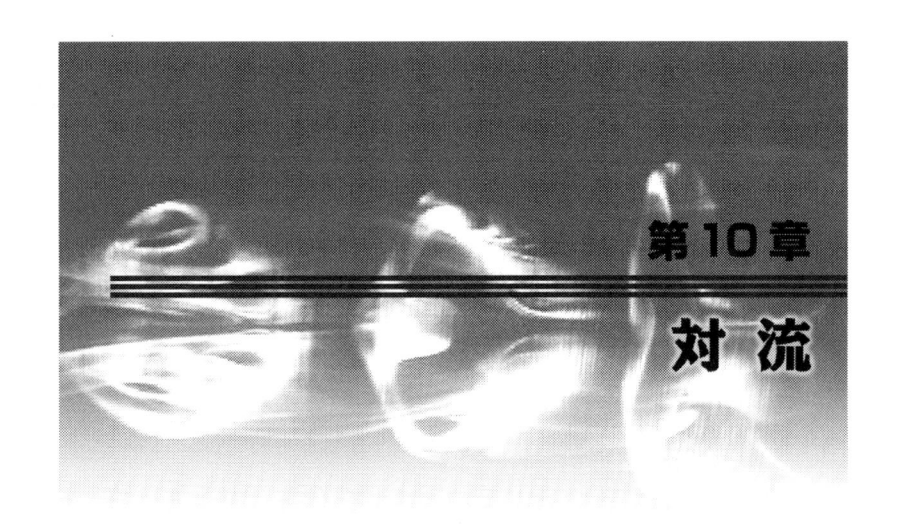

先生：物質や熱の輸送現象の理解は，これまでの熱流工学や最近のマイクロチップの冷却，さらに気象学における熱輸送プロセスとしても重要です．温度差があることや溶解物質による密度差がある現象に共通する浮力の問題の基本的課題（基礎方程式と力学的相似則）を本章で述べます．

洋平君：熱というと流体力学とは離れているような印象があります．

先生：伝熱の一分野とも考えられていますが，ここでは，流体力学的視点からこのような問題が流体力学としてどのように定式化できるか述べます．また，一様な性質をもつ流体の流れで見た力学的相似則がもう少し発展した形式になることに注意してください．

10.1 熱対流

流体が熱せられると流体は軽くなって浮力が発生する．その結果対流運動が生じる．下面を暖めて上面より高い温度に設定すると，高温の流体が上昇して低温の流体が下降する対流運動が観察される．図10.1に示すような水平な流体層の下面を高温 T_2，上面を低温 T_1 に保って，重力加速度 g が鉛直下向きに働く流体層の安定性を調べることは早くからなされていた．この問題では**レイリー数**が無次元パラメータとして重要な働きをする．

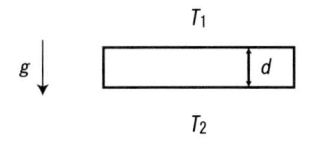

図 10.1 水平な細い隙間内の流体層

$$Ra = g\alpha(T_2 - T_1)d^3/\nu\kappa \tag{10.1}$$

ここで，α は流体の熱膨張係数を表す．後で示すブジネスク近似における浮力を表すために用いる．レイリー数は浮力，慣性力，粘性力，熱拡散の相対的な関係を与えている．また，レイリー数に加え，流体の選択によって決定されるプラントル数

$$Pr = \nu/\kappa \tag{10.2}$$

が対流を特徴付けるもう一つの重要な無次元パラメータである．熱拡散係数 κ は $\kappa = k/\rho C_p$ と定義される．

浮力が熱対流の原動力になるため，特定の方向に対して重力による効果をポテンシャル $\Phi(=gz)$ を使って

$$F = \rho g = -\rho\nabla\Phi \tag{10.3}$$

と表す．ただし，z は上方に向いている．熱対流現象では密度変化が重要であり，密度を

$$\rho = \rho_0 + \Delta\rho \tag{10.4}$$

と表す．すると，浮力は

$$F = -(\rho_0 + \Delta\rho)\nabla\Phi = -\nabla(\rho_0\Phi) + \Delta\rho g \tag{10.5}$$

と表すことができる．

上下面内の水平層は，下面をわずかに熱すると，熱伝導により直線的な温度勾配が得られるが，温度差を大きくすると水平層が不安定になり，対流運動が起り軽い流体が下面から上昇し重い流体が上面から下降する．不安定性が始まる臨界レイリー数はおおよそ 1700 である．

10.1.1 ブジネスク近似

ブジネスク近似においては密度変化の効果は浮力以外では無視される．したがって，一定密度における連続の式が用いられる．

静水圧の考え方を導入すると，

$$P = p + \rho_0 \Phi \tag{10.6}$$

ここでは圧力 p を静水圧の補正を行っていると考えてよい．すると，ナヴィエ・ストークス方程式は

$$\rho_0 \frac{D\vec{u}}{Dt} = -\nabla P + \mu \nabla^2 \vec{u} + \Delta \rho \vec{g} \tag{10.7}$$

と表され，$\Delta \rho = 0$ ならば，圧力 p を（10.6）式 P に置き換えたことを除けば，ナヴィエ・ストークス方程式と同じである．下面（加熱）と上面に挟まれた水平な流体層の対流運動は鉛直方向に浮力項が働くことになる．密度変化 $\Delta \rho$ は温度への依存関係式を使って表すことができる．流体の熱膨張係数 α を使って

$$\Delta \rho = -\alpha \rho_0 \Delta T \tag{10.8}$$

を得る．したがって，ブジネスク近似は

$$\frac{D\vec{u}}{Dt} = -\frac{1}{\rho_0}\nabla P + \nu \nabla^2 \vec{u} - \vec{g}\alpha \Delta T \tag{10.9}$$

となる．ここで，温度に関する方程式が必要となる．熱（輸送）方程式は，粘性による散逸を省略して

$$\rho C_p \frac{DT}{Dt} = \mathrm{div}(k \nabla T) \tag{10.10}$$

または，

$$\frac{\partial T}{\partial t} + \vec{u} \cdot \nabla T = \kappa \nabla^2 T \tag{10.11}$$

ここで $\kappa (= k/\rho C_p)$ は先に定義した熱拡散係数である．

したがって，基礎式は（10.9）式，（10.10）式または（10.11）式および連続の式

$$\nabla \cdot \vec{u} = 0 \tag{10.12}$$

となる．

10.1.2 強制対流と自由対流

浮力項が無視できるほどわずかな影響しか与えない流れを考える．たとえば，高レイノルズ数流れで慣性力に対して浮力が十分小さい場合に

は，流れスケールと代表速度をそれぞれ L と U とし温度差スケールを Θ とすれば，すなわち

$$g\alpha\Theta L/U^2 \ll 1$$

のような条件が成り立つとき，流れを強制対流と呼ぶ．簡単のために，定常な対流を考えると

$$\vec{u} \cdot \nabla T = \kappa \nabla^2 T \tag{10.13}$$

流体力学的相似則を与えたように，この方程式に従う二つのシステムが伝熱学的に相似であるとはペクレ数 Pe が一致することである．

$$Pe = UL/\kappa = Re\,Pr \tag{10.14}$$

したがって，完全な相似則はレイノルズ数とペクレ数が二つの系で一致することである．または，レイノルズ数とプラントル数が一致することである．プラントル数は粘性による運動量や渦拡散と熱拡散の比である．気体ではプラントル数は1程度（やや小さい）であり，液体では種類によって1より大きく異なる．室温における水のプラントル数は7程度である．

movie10.1
熱線流速計

対流問題で実用的にしばしば重要な量は壁面から流体への（または流体から壁面への）熱輸送である．単位面積あたりの輸送率を H で表し，無次元化表示ではヌッセルト数 Nu

$$Nu = HL/k\Theta \tag{10.15}$$

を得る．局所的な熱伝達であるか全壁面に対する平均的な熱伝達であるかによって局所や平均の意味になる．強制対流では，次元的考察によって

$$Nu = f(Re, Pr) \tag{10.16}$$

であり，レイノルズ数もプラントル数も温度差 Θ を含まないことより，他のすべての物理量が一定のとき

$$H \propto \Theta \tag{10.17}$$

を得る．これは，強制対流では壁面からの熱輸送は加えた温度増分値に比例することを意味する．

一方，自由（自然）対流は内部発熱を無視して，定常流において

$$\vec{u} \cdot \nabla \vec{u} = -\frac{1}{\rho}\nabla p + \nu \nabla^2 \vec{u} - \vec{g}\alpha \Delta T \tag{10.18}$$

$$\vec{u} \cdot \nabla T = \kappa \nabla^2 T \tag{10.19}$$

$$\nabla \cdot \vec{u} = 0 \tag{10.20}$$

movie10.2
線香の煙

自由対流においてブジネスク近似が成り立つ条件や詳細は Triton 著『Physical Fluid Dynamics』を参考にされたい．自由対流では，(10.18) 式 (10.19) 式において速度と温度場を含むので，二つの式を同時に考慮しなければならない．速度分布は温度分布に支配されており，温度分布は速度分布に基づいた熱移流に依存している．したがって，慣性力か粘性力，または両方の力が浮力と同程度である．最初に，慣性力が浮力と釣り合う場合を考える．

$$|\vec{u} \cdot \nabla \vec{u}| \sim |\vec{g}\alpha \Delta T| \tag{10.21}$$

すなわち

$$U^2/L \sim g\alpha\Theta \tag{10.22}$$

これは，温度差によって流体がどれくらい速く動くか，その速度スケールが

$$U \sim (g\alpha L \Theta)^{1/2} \tag{10.23}$$

と表される．このとき，慣性力と粘性力の比は以下のように表すことができる．

$$\frac{|\vec{u} \cdot \nabla \vec{u}|}{|\nu \nabla^2 \vec{u}|} \sim \frac{UL}{\nu} \sim \left(\frac{g\alpha\Theta L^3}{\nu^2}\right)^{1/2} = Gr^{1/2} \tag{10.24}$$

ここで Gr をグラスホフ数と呼ぶ．この関係式は，グラスホフ数が大きいときは粘性力が浮力や慣性力と比べて無視できるほど小さい場合であることを示す．しかしながら，この関係はグラスホフ数が小さい場合のことは何もいっていない．

そのときは，粘性力と浮力が釣り合うと考え

$$|\nu \nabla^2 \vec{u}| \sim |\vec{g}\alpha \Delta T| \tag{10.25}$$

この関係は，速度スケールが

$$U \sim g\alpha\Theta L^2/\nu \tag{10.26}$$

であることを表す．すなわち

$$\frac{|\vec{u}\cdot\nabla\vec{u}|}{|\nu\nabla^2\vec{u}|} \sim \frac{UL}{\nu} \sim \left(\frac{g\alpha\Theta L^3}{\nu^2}\right) = Gr \tag{10.27}$$

を得る．この解析は小さなグラスホフ数では慣性力が無視できることを意味する．しかし，グラスホフ数が大きいこととは関係がない．

一方，(10.19) 式の左辺と右辺の比はペクレ数によって表された．

$$\frac{|\vec{u}\cdot\nabla T|}{|\kappa\nabla^2 T|} \sim \frac{UL}{\kappa} \tag{10.28}$$

したがって，Gr が大きいときは (10.24) 式より

$$\frac{|\vec{u}\cdot\nabla T|}{|\kappa\nabla^2 T|} \sim Gr^{1/2} Pr \tag{10.29}$$

である．一方，Gr が小さいときは (10.26) 式より

$$\frac{|\vec{u}\cdot\nabla T|}{|\kappa\nabla^2 T|} \sim Gr\, Pr \tag{10.30}$$

である．この流れにおいて無次元パラメータ Gr, Pr

$$Gr = g\alpha\Theta L^3/\nu \tag{10.31}$$

$$Pr = \nu/\kappa \tag{10.32}$$

が支配パラメータであることがわかる．

本章の最初に，(10.1) 式で示したレイリー数

$$Ra = Gr\, Pr = g\alpha\Theta L^3/\nu\kappa$$

は水平層における対流問題において特別な役割を果たしていることに気付く．

先生：熱対流ではこれまでと違ってたくさんの無次元パラメータが登場しました．しかし，これらは基礎方程式に基づく力学的相似則を眺めてみることによって明解さが得られたと思います．

明子さん：粘性流体において重要なレイノルズ数も同様に見ることができるのですね．

先生：第8章の力学的相似則で説明した慣性力と粘性力の比は

$$\frac{|\vec{u}\cdot\nabla\vec{u}|}{|\nu\nabla^2\vec{u}|} \sim Re$$

と書け，粘性流体の基礎方程式における粘性項と慣性項という主要な項の比です．

明子さん：熱流体現象における力学的相似則の重要性がわかりました．

10.2　濃度変化を伴う流れ

流体によって運ばれる物質の量を濃度 $c(\vec{x},t)$ を使って表すと，物質の存在によって $c=0$ における密度 ρ_0 より密度が $\Delta\rho$ だけ増加すると考えることができる．濃度と密度との間に線形関係があるとき，すなわち

$$\Delta\rho = \rho_0 \alpha_c c \tag{10.33}$$

を得る．ここで，α_c は一定値である．重い気体の流れのなかで，より軽い気体が混合するようなとき α_c は負になる．このとき運動方程式は

$$\frac{D\vec{u}}{Dt} = -\frac{1}{\rho_0}\nabla P + \nu\nabla^2\vec{u} + \vec{g}\alpha_c c \tag{10.34}$$

を得る．一方，拡散物質の分子拡散は Fick の法則に従い，流れのなかで濃度の時間変動は移流拡散方程式で記述される．

$$\frac{\partial c}{\partial t} + u_i\frac{\partial c}{\partial x_i} = \kappa_c \nabla^2 c \tag{10.35}$$

ここで，κ_c は物質の種類により異なる拡散係数で，一般に物質の濃度や温度に依存して変化するが，ここでは簡単のために定数とおく．流れ場によって受動的に流されるだけで速度場を変化させない場合をパッシブスカラーと呼ぶ．粘性係数と拡散係数の比をシュミット数 Sc と呼ぶ．

$$Sc = \nu/\kappa_c \tag{10.36}$$

気体どうしの混合におてはシュミット数は1程度であり，液体や気体の流れで運ばれる微小固体粒子では $Sc \gg 1$ である．

第11章 乱流

> 先生：乱れた流れの運動とその流体力学的基本事項を記述することが本章の目的です．乱流現象は私たちの身の回りに絶えず起っているが，その本質的内容がなかなか十分理解されるにいたらなかったため物理学のなかの「偉大な古典」とも呼ばれています．ノーベル賞受賞者である物理学者のファイマン博士は乱流のことを「The most important unsolved problem of classical physics」と呼んでいます．
>
> 明子さん：「重要だけど解けなかった」という言い方は，難しさを感じますが，どのように乱流の理解を進めていったらいいのでしょう．
>
> 先生：ここでは，私たちが獲得してきた乱流に対する理解を「乱れの起源」「乱流遷移」「乱流」という順序で乱流現象の理解に向かうように述べます．また「乱流」の節では基礎方程式の平均化操作や乱流統計量の考え方によって乱流現象を見る視点を示します．

11.1 乱れの起源

　航空機が巡航速度で上空を飛行するときも，風洞実験おいても，気流の乱れは必ず観察される．乱れの起源が注目を集めたのは，乱れを制御できるような風洞中において気流乱れを 0.02% 程度という極めて小さな乱れになったときに層流境界層内に見出されたかすかな波動変動であった．このかすかな変動は下流に向かってその振幅がゆっくり増加し，最

終的に崩壊現象を引き起こしていることが観察された．境界層内で観察されたかすかではあるが波動変動は，主流にある非常に弱い揺らぎが境界層内で向きと波長がそろった変動に変わることを示した．したがって，境界層や噴流および後流など，弱い変動はそのような波動（渦度変動）の一定範囲の重ねあわせで表現できることがわかった．その変動が弱い間は，線形安定性理論によってその特定の角振動数成分の増加率または減衰率を予測することができた．速度や圧力などの変動は波動的表現

$$\hat{f}(y)\exp i(\vec{k}\cdot\vec{x}-\omega t) \tag{11.1}$$

を使って表す．ただし，$\hat{f}(y)$ は固有関数，$\vec{k}$, ω は波数ベクトルおよび角振動数を表す．

11.2 乱流遷移

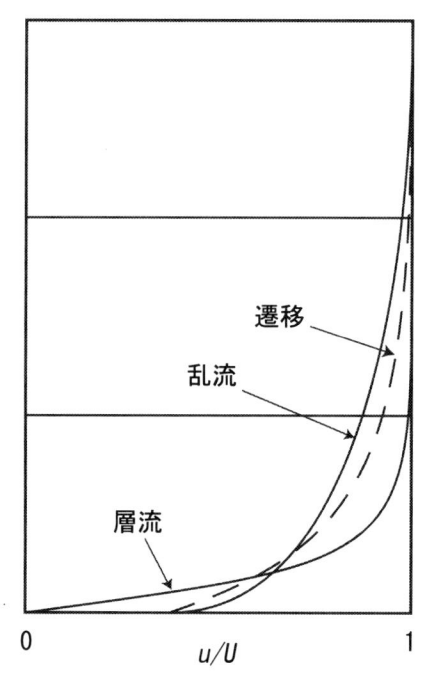

図 11.1 境界層の速度分布

レイノルズ数の増大によって定常な層流は変動を含む流れへと変化する．層流状態が乱流に変わる過程のことを遷移と呼ぶ．たとえば，層流

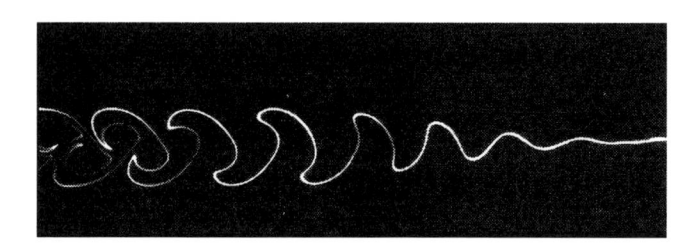

図 11.2 翼後流における変動の増幅

境界層は下流では乱流境界層に変わる（図 11.1）．実際の流れでは，どのように乱流に遷移するか多様である．一つの考え方は，層流流れが小さな撹乱に対して不安定になり，撹乱の非定常変動がある程度大きくなるとそこから遷移が始まるものである．乱流へ遷移する過程においては，流れの複雑化が起こり，複雑化が何段階か経て乱流になる．乱流遷移の問題は乱流への路（route to turbulence）を理解することでもある．実際の流れでは，流れを層流に保とうとして乱流遷移を遅らせることも重要である．乱流遷移について乱流の起源で述べた線形安定性理論で記述できる線形領域の後は，それぞれの流れにおける固有な特徴をもつ乱流遷移現象を観察する．図 11.2 に示す後流における流れの可視化からは，速度変動が大きくなり飽和すると流れの固有構造ができあがっていることがわかる．このような観察ができるのは後流のほか，自由せん断流と呼ばれる流れの共通した特徴である．壁がある壁面せん断流の場合には，気流の条件によって，より局所的な乱れが発生することが多い．乱流遷移は実験によって解明されたことが非常に多い．

movie11.1
遷移ストリーク上面
movie11.2
遷移ストリーク側面

11.2.1 安定性理論

今日，流れの安定性はほとんどの層流（定常流）について調べられている．簡単のために，外力の影響を無視した非圧縮性流れとする．定常解 $\vec{u}_0(\vec{x})$ に微小な非定常変動 $\vec{u}_1(\vec{x},t)$ を重ね合わせたとすると，速度場は $\vec{u} = \vec{u}_0 + \vec{u}_1$ となる．ナヴィエ・ストークス方程式と連続の式が基礎方程式である．

$$\frac{D\vec{u}}{Dt} = -\frac{1}{\rho}\nabla p + \nu\nabla^2 \vec{u}, \nabla \cdot \vec{u} = 0 \tag{11.2}$$

ここで，速度や圧力を

$$\vec{u} = \vec{u}_0 + \vec{u}_1, p = p_0 + p_1 \tag{11.3}$$

とし，定常解 $\vec{u}_0, p_0$ は以下の定常基礎方程式を満たす．

$$(\vec{u}_0 \cdot \nabla)\vec{u}_0 = -\frac{1}{\rho}\nabla p_0 + \nu \nabla^2 \vec{u}_0, \nabla \cdot \vec{u}_0 = 0 \tag{11.4}$$

(11.2) 式から (11.4) 式を引き去ると，変動に対する方程式が得られる．変動に関する 1 次の項だけを残し，2 次以上の項は省略する．この操作を線形化と呼ぶ．変動に対する基礎方程式は

$$\frac{\partial}{\partial t}\vec{u}_1 + (\vec{u}_0 \cdot \nabla)\vec{u}_1 + (\vec{u}_1 \cdot \nabla)\vec{u}_0 = -\frac{1}{\rho}\nabla p_1 + \nu \nabla^2 \vec{u}_1 \tag{11.5}$$

となる．変動成分は時間因子が指数関数の形で表せる．変動速度は

$$\vec{u}_1 \propto e^{-i\omega t} e^{i\vec{k}\cdot\vec{x}}, (\omega = \omega_r + i\omega_i), (\vec{k} = \alpha\vec{i} + \beta\vec{j}) \tag{11.6}$$

と表現され，ω は複素定数であるが，方程式と境界条件によって決定される固有値であり分散関係

$$\omega = \Omega(\alpha, \beta) \tag{11.7}$$

が成り立つ．

速度変動の成分はフーリエ級数の表現

$$u_1 = \hat{u}_1(y) \exp i(\vec{k}\cdot\vec{x} - \omega t) \tag{11.8}$$

で表すことができる．$\vec{k}$ を波数ベクトル，$\hat{u}(y)$ を固有関数という．定常解の速度成分が x,z 方向成分 U, W のみで，さらに U, W は y のみの関数であるような流れを平行流と呼び，ここでは平行流を取り扱う．そのとき，(11.5) 式と連続の式は

$$\frac{\partial u}{\partial t} + U\frac{\partial u}{\partial x} + W\frac{\partial u}{\partial z} + v\frac{dU}{dy} = -\frac{1}{\rho}\frac{\partial p}{\partial x} + \nu \nabla^2 u \tag{11.9a}$$

$$\frac{\partial v}{\partial t} + U\frac{\partial v}{\partial x} + W\frac{\partial v}{\partial z} = -\frac{1}{\rho}\frac{\partial p}{\partial y} + \nu \nabla^2 v \tag{11.9b}$$

$$\frac{\partial w}{\partial t} + U\frac{\partial w}{\partial x} + W\frac{\partial w}{\partial z} + v\frac{dW}{dy} = -\frac{1}{\rho}\frac{\partial p}{\partial z} + \nu \nabla^2 w \tag{11.9c}$$

$$\frac{\partial u}{\partial x} + \frac{\partial v}{\partial y} + \frac{\partial w}{\partial z} = 0 \tag{11.9d}$$

である．ここでは，変動成分は添え字を付けないで小文字で表した．さらに，(11.8) 式の表現で表された変動成分を上式に代入すると，

$$i(\alpha U + \beta W - \omega)\hat{u} + DU\hat{v} = -i\alpha\hat{p} + \frac{1}{Re}[D^2 - (\alpha^2 + \beta^2)]\hat{u} \tag{11.10a}$$

$$i\left(\alpha U + \beta W - \omega\right)\hat{v} = -D\hat{p} + \frac{1}{Re}\left[D^2 - (\alpha^2 + \beta^2)\right]\hat{v} \quad (11.10\text{b})$$

$$i\left(\alpha U + \beta W - \omega\right)\hat{w} + DW\hat{v} = -i\beta\hat{p} + \frac{1}{Re}\left[D^2 - (\alpha^2 + \beta^2)\right]\hat{w} \quad (11.10\text{c})$$

$$i(\alpha\hat{u} + \beta\hat{w}) + D\hat{v} = 0 \quad (11.10\text{d})$$

を得る．ここで，$D = d/dy, D^2 = d^2/dy^2$ であり，Re はレイノルズ数を表す．α, β が実数のときは，$k = (\alpha^2 + \beta^2)^{1/2}$ とすると ω_i が増幅率を表し，ω_r/k は位相速度である．

$$\omega_i > 0 \text{ 不安定}, \quad \omega_i = 0 \text{ 中立}, \quad \omega_i < 0 \text{ 安定}$$

と分類することができる．

平面ポアゼイユ流れのような 2 次元平行流においては，定常解はさらに簡単になり $\vec{u}_0 = (U(y), 0, 0)$ を得る．さらに，$\beta = 0$ とし，流れ方向の波数成分 α のみを考える 2 次元問題とすると，連続の式（11.10d）から得られる $\hat{u}$ を（11.10a）式（11.10b）式に代入して，$\hat{p}$ を消去するようにすると，

$$\left(D^2 - \alpha^2\right)^2 \hat{v} = iRe\left[(\alpha U - \omega)\left(D^2 - \alpha^2\right) - \alpha D^2 U\right]\hat{v} \quad (11.11)$$

を得る．境界条件は壁面 ($y = \pm 1$) で $\hat{u} = \hat{v} = 0$ であることから

$$\hat{v}(\pm 1) = 0, \ D\hat{v}(\pm 1) = 0 \quad (11.12)$$

である．(11.11) 式をオル・ゾンマーフォルト (Orr-Sommerfeld) 方程式と呼ぶ．精密な計算によると，平面ポアゼイユ流れにおける臨界レイノルズ数 Re_c は

$$Re_c = 5772$$

である．

movie11.3
後流計算

11.2.2　自然遷移と人工遷移

乱流遷移は上述のように，自然に起こる乱流遷移においては速度変動成分のなかに偶然的要素が常に入っておりそれをコントロールすることは一般に難しい．それに対して，人工遷移とも呼ばれる乱流遷移現象を観察することによって，乱流遷移のすべてではないが本質的な面を理解できるので多く研究されてきた．実験的には，スピーカーから流れのな

かに音波を導入して，先に述べたせん断流の不安定となる変動を早く成長させてしまうことである．不安定変動の増幅後に起こる一連の複雑化過程を解明する方法は多くの成果を上げてきた．また，数値シミュレーションでは数学的に表されたさまざまな変動を導入できる利点を生かして，複雑化過程を詳細に調べることに役立っている．また，人工遷移過程を工学的に利用することによって，噴流では物質混合促進効果に用いられている．

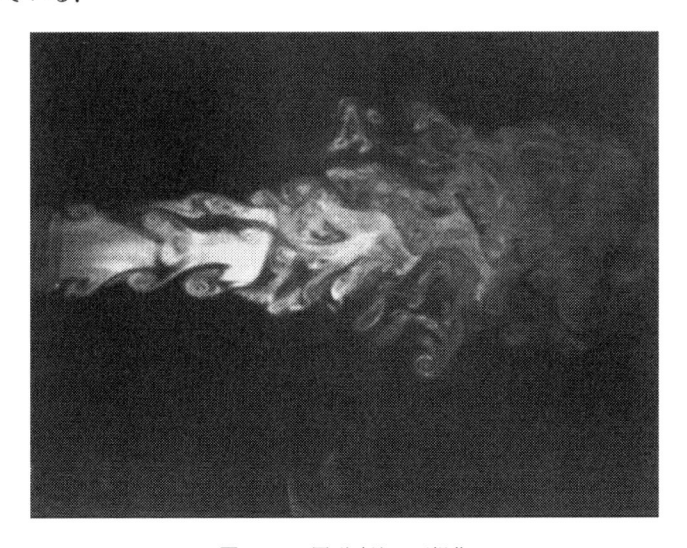

図 11.3　円形噴流の可視化

movie11.4
円形噴流

先生：乱流遷移現象を自然遷移と人工遷移というふうに意図的に分けることによって，乱流の本質に迫ることができました．それが，乱流の起源と結び付けられ，不規則な現象というより規則性を通って複雑化した現象というふうに映ると思います．図 11.3 では，噴流中に音波を導入することによって，噴流出口付近では輪状になった規則的な形が見えますが，さらに下流では急激に複雑化した状態が観察されます．一方，図 11.4 では，精度の高い数値シミュレーションによって，後流のなかに規則的な構造ができ上がる様子を示しています．この場合は不規則な変動から不安定性を通って不規則さを含んだ規則的な形が観察されます．現象は左から右へと変化していきます．しかし，大きな規則的な形は，小さな構造へと複雑になります．

洋平君：乱流に対して抱いていたイメージが変わりました．十分複雑化した現象が乱流というわけですね．

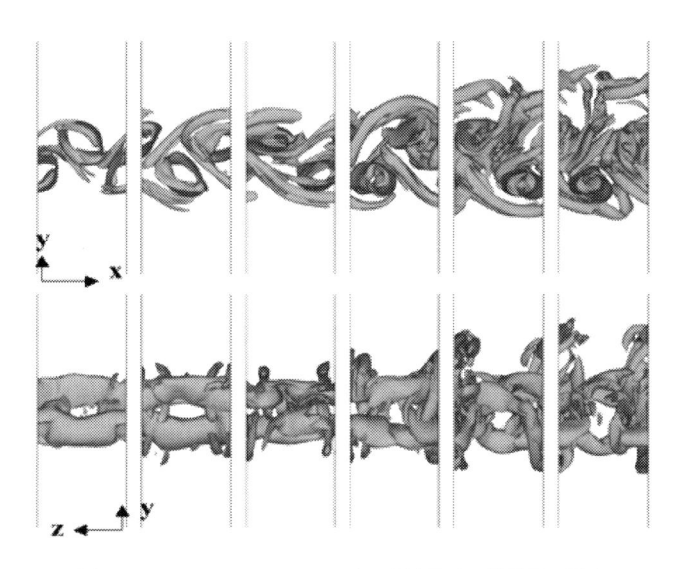

図 11.4 シミュレーションによる後流構造の複雑化の観察

11.3 乱流

レイノルズ数が高くなると十分発達した乱流が見られる．実験結果によると，乱流境界層においては，壁近くの特徴的な流れと壁より少し離れたところに平均速度分布の対数則が成り立つ領域，さらにその外側にはより間欠的な乱流状態が存在する領域に分けて考えることができる．このように，乱流境界層には境界層という流れの個別性があるが，乱流の理解には個々の乱流現象に関する知識の蓄積が重要であることは明らかである．すなわち，実験結果とその解析や最近の高精度数値シミュレーション結果の解析が乱流理解にとって大切である．

一方，工学的には平均速度場・温度場や平均圧力分布などが必要であることが多く，平均場に対する変動場を分けて乱流を現象論的にあるいは理論的に組み込むことが乱流の理解と応用という観点から重要である．これが，レイノルズ方程式の取り扱いが主要な内容である．さらに，乱流状態は時間的にも空間的にも複雑な流体運動であるので，統計的に記述する方法が乱流理解とモデルにおいて重要な手法である．

11.3.1 層流と乱流の違い

平面ポアゼイユ流や円管ポアゼイユ流など壁面せん断層流と呼び噴流や後流などを自由せん断と別々の呼び方をする．境界層は壁面せん断流であるが外層は自由せん断流の特徴ももつ．壁面せん断流と自由せん

断流では層流速度分布に変曲点があるのかどうかに特徴があらわれる．

平板境界層の厚さ δ は，層流状態では $\delta/l \sim 1/\sqrt{Re}$ であり前縁からの距離 l の平方根に比例するのに対して，乱流境界層でははるかに大きくおおよそ距離に比例して増加する．乱流状態では運動量の混合が活発なためである．摩擦抵抗 C_f は層流では $1/\sqrt{Re}$ に比例するのに対して，乱流では実験によって与えられた摩擦係数 $C_f = 0.455 \, (\log_{10} Re)^{-2.58}$ からわかるように摩擦抵抗は乱流境界層でははるかに大きい特徴がある．この特徴を仮に翼面境界層に応用する場合，層流境界層に覆われていれば摩擦抵抗が非常に小さくなることが期待される．一方，乱流境界層における熱や物質の輸送に関しては，混合は活発であり壁面からの熱伝達率や物質の拡散係数がたいへん大きくなる．さらに，後に説明するように，乱流境界層は境界層剥離しにくい性質をもっている．このように，層流境界層と乱流境界層では対照的な性質がある．

11.3.2　レイノルズ方程式

平均値と変動値

ある点での速度と圧力を時間平均値と変動値に分けて次のように表す．

$$u = \bar{u} + u', v = \bar{v} + v', w = \bar{w} + w', p = \bar{p} + p' \tag{11.13}$$

統計的に定常と呼ばれる乱流の場合は，統計的性質が時間軸をずらしてもかわらないので時間平均を平均操作にとることができる．時間平均以外に多数の観測データの平均（アンサンブル平均）や空間平均をとって乱流場の平均的性質を調べることができる．(11.13) 式の分解の式を連続の式とナヴィエ・ストークス方程式に代入する．

$$\frac{\partial \bar{u}}{\partial x} + \frac{\partial \bar{v}}{\partial y} + \frac{\partial \bar{w}}{\partial z} = 0 \tag{11.14}$$

$$\rho \left(\frac{\partial \bar{u}}{\partial t} + \bar{u} \frac{\partial \bar{u}}{\partial x} + \bar{v} \frac{\partial \bar{u}}{\partial y} + \bar{w} \frac{\partial \bar{u}}{\partial z} \right) = -\frac{\partial \bar{p}}{\partial x} + \mu \nabla^2 \bar{u} - \rho \left(\frac{\partial \overline{u'^2}}{\partial x} + \frac{\partial \overline{u'v'}}{\partial y} + \frac{\partial \overline{u'w'}}{\partial z} \right) \tag{11.15a}$$

$$\rho \left(\frac{\partial \bar{v}}{\partial t} + \bar{u} \frac{\partial \bar{v}}{\partial x} + \bar{v} \frac{\partial \bar{v}}{\partial y} + \bar{w} \frac{\partial \bar{v}}{\partial z} \right) = -\frac{\partial \bar{p}}{\partial y} + \mu \nabla^2 \bar{v} - \rho \left(\frac{\partial \overline{u'v'}}{\partial x} + \frac{\partial \overline{v'^2}}{\partial y} + \frac{\partial \overline{v'w'}}{\partial z} \right) \tag{11.15b}$$

$$\rho \left(\frac{\partial \bar{w}}{\partial t} + \bar{u} \frac{\partial \bar{w}}{\partial x} + \bar{v} \frac{\partial \bar{w}}{\partial y} + \bar{w} \frac{\partial \bar{w}}{\partial z} \right) = -\frac{\partial \bar{p}}{\partial z} + \mu \nabla^2 \bar{w} - \rho \left(\frac{\partial \overline{u'w'}}{\partial x} + \frac{\partial \overline{v'w'}}{\partial y} + \frac{\partial \overline{w'^2}}{\partial z} \right) \tag{11.15c}$$

を得る．これはレイノルズ方程式と呼ばれ，ナヴィエ・ストークス方程式と比較すると右辺に新たな項が付加されている．変動速度による平均流への付加的な力と考えられる．

$$-\rho\overline{u'^2}, -\rho\overline{u'v'}, -\rho\overline{u'w'} \tag{11.16}$$

などは応力の表現として乱流応力やレイノルズ応力という．この乱流応力の存在が乱流と層流の平均速度分布に大きな差異をもたらす．応用編である第3編で乱流応力の具体的な手法による捕え方について述べる．

11.3.3 乱流熱輸送

熱対流で導いた基礎式

$$\frac{D\vec{u}}{Dt} = -\frac{1}{\rho_0}\nabla P + \nu\nabla^2\vec{u} - \vec{g}\alpha\Delta T \tag{11.17}$$

$$\frac{\partial T}{\partial t} + \vec{u}\cdot\nabla T = \kappa\nabla^2 T \tag{11.18}$$

$$\nabla\cdot\vec{u} = 0 \tag{11.19}$$

を使って，流動と伝熱の支配方程式とモデリングについて記述する．$T = \bar{T} + T'$ と分解すると浮力項はそのままで

$$\frac{D\bar{u}}{Dt} = -\frac{1}{\rho_0}\nabla\bar{P} + \frac{\partial}{\partial x_j}\left(\nu\frac{\partial\bar{u}}{\partial x_j} - \overline{u'_i u'_j}\right) - g\alpha\Delta\bar{T} \tag{11.20}$$

$$\frac{\partial\bar{T}}{\partial t} + \bar{u}\cdot\nabla\bar{T} = \frac{\partial}{\partial x_j}\left(\kappa\frac{\partial\bar{T}}{\partial x_j} - \overline{u'_j T'}\right) \tag{11.21}$$

$$\nabla\cdot\bar{u} = 0 \tag{11.22}$$

ここでは，レイノルズ応力のほかに乱流熱流束項 $\overline{u'_j T'}$ があらわれたことに注意する．渦粘性と同等な見方は渦拡散と呼ばれ，乱流熱流束を

$$-\overline{u'_j T'} = \kappa_t \frac{\partial\bar{T}}{\partial x_j} \tag{11.23}$$

のように平均温度勾配と関係付けるものがある．ここで κ_t は熱の渦拡散係数と呼ばれる．

また，z(x_3) 軸方向に主要な平均速度・温度勾配があるとき

$$-\overline{u_1'u_3'} = \nu_t \left(\frac{\partial \bar{u}_1}{\partial x_3}\right), \quad -\overline{u_3'T'} = \kappa_t \frac{\partial \bar{T}}{\partial x_3} \quad (11.24)$$

と乱流レイノルズ応力と乱流熱流束を渦粘性係数と渦拡散係数を使って近似することができる．このような流れは，鉛直方向に密度勾配と速度勾配をもつ大気の接地境界層などに見られる．

11.3.4 一様等方性乱流

乱流境界層などのせん断乱流における乱流現象を理解する前に，単純化された一様乱流について述べ，乱流の基本的かつ本質的特徴を本項で説明する．乱流の時空間構造を記述する最も基本的な量は，異なる時刻と位置における二つの速度の積の平均である．

$$U_{ij}(r) = \overline{u_i(x+r,t)u_j(x,t)} \quad (11.25)$$

これらを速度相関と呼ぶ．2階のテンソルであるので，速度相関テンソルとも呼ぶ．乱流場が一様であるとは，これらのテンソルが絶対位置 $\vec{x}$ によらず相対位置 $\vec{r}$ の関数であることをいう．速度場が統計的に座標軸の任意の回転に対して不変な一様等方な場合は，定義より明らかに添え字と相対位置の反転に対して対称 $U_{ij}(r) = U_{ji}(-r)$ である．

また，連続の式よりソレノイダル条件

$$\frac{\partial U_{ij}(r)}{\partial r_i} = \frac{\partial U_{ij}(r)}{\partial r_j} = 0 \quad (11.26)$$

が成り立つ．一様等方乱流においては，速度相関テンソルが図 11.5 に示すような縦速度相関関数と横速度相関関数によって構成できるので，それぞれ $f(r), g(r)$ と表す．速度相関テンソルは，流れの等方性より

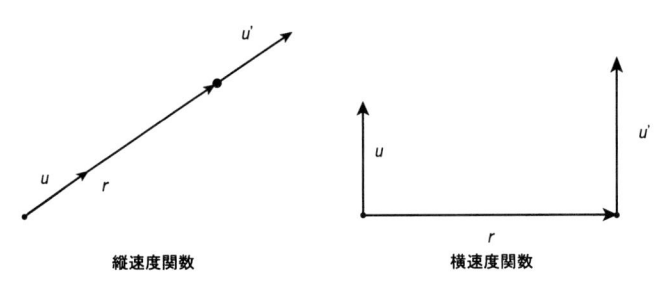

図 11.5 速度相関

$$U_{ij}(r) = A(r)r_i r_j + B(r)\delta_{ij} \tag{11.27}$$

の形の等方テンソルである．このため，縦速度相関と横速度相関と関数 $A(r), B(r)$ の関係は

$$A(r) = \overline{u^2}\left(f(r) - g(r)\right)/r^2 \tag{11.28}$$

$$B(r) = \overline{u^2}g(r) \tag{11.29}$$

である．したがって，速度相関テンソルは

$$U_{ij}(r) = \overline{u^2}\left[(f(r) - g(r))\frac{r_i r_j}{r^2} + g(r)\delta_{ij}\right] \tag{11.30}$$

となる．さらに，ソレノイダル条件より

$$g(r) = f + \frac{r}{2}\frac{df}{dr} \tag{11.31}$$

が要求されるので，等方性乱流の速度相関テンソルは，結局 $f(r)$ か $g(r)$ ただ一つのスカラー関数で記述される．

11.3.5 スペクトルとエネルギーカスケード

速度相関テンソルをフーリエ変換したもの

$$\tilde{U}_{ij}(\vec{k}) = \frac{1}{(2\pi)^3}\int U_{ij}(\vec{r})e^{-i\vec{k}\cdot\vec{r}}d\vec{r} \tag{11.32}$$

をエネルギースペクトテンソルという．逆変換は

$$U_{ij}(\vec{r}) = \int \tilde{U}_{ij}(\vec{k})e^{i\vec{k}\cdot\vec{r}}d\vec{k} \tag{11.33}$$

である．

乱れの単位質量当たりの運動エネルギーを K で表せば，(11.25) 式と (11.33) 式を考慮して

$$K(t) = \frac{1}{2}\overline{u_i(x)^2} = \frac{1}{2}U_{ii}(0) = \frac{1}{2}\int \tilde{U}_{ii}(\vec{k})d\vec{k} \tag{11.34}$$

となる．すなわち，$\tilde{U}_{ii}(\vec{k})$ は乱れエネルギーの波数空間における密度を表しており，この意味で $\tilde{U}_{ij}(\vec{k})$ をエネルギースペクトルテンソルという．とくに，乱れが等方的であるときは，$\tilde{U}_{ii}(\vec{k})$ は波数の絶対値 k だけの関

数となる.

$$K(t) = \frac{1}{2}\int \tilde{U}_{ii}(k)4\pi k^2 dk = \int_0^\infty E(k)dk \tag{11.35}$$

$E(k)$ はエネルギースペクトル関数と呼ばれる．エネルギースペクトル関数を支配する基礎式はナヴィエ・ストークス方程式から導かれる．ここでは，導入の詳細を省き，結果だけを与えよう．

$$\frac{\partial E(k,t)}{\partial t} = T(k,t) - 2\nu k^2 E(k,t) \tag{11.36}$$

左辺はある波数に関するエネルギーの変化率を表す．右辺第二項は負であり，粘性によるエネルギー散逸を表す．(11.36) 式を全波数空間にわたって積分すると，右辺第一項は

$$\int_0^\infty T(k,t)dk = 0 \tag{11.37}$$

であり，$T(k,t)$ は波数空間内でのエネルギーのやりとりを行うだけで，エネルギーの総量の変化には直接は寄与しない．この意味で $T(k,t)$ のことをエネルギー伝達関数と呼ぶ．

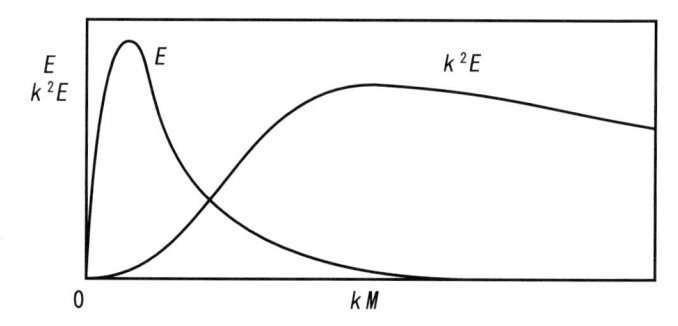

図 **11.6** 格子乱流におけるエネルギースペクトルと散逸スペクトル（M は格子間隔）

図 11.6 は E と k^2E の格子乱流における典型的な分布を示す．乱流は粘性散逸によって絶えずエネルギーを失うので平衡状態にはあり得ない．外部からのエネルギーの供給がなければ乱れエネルギーは減衰する．しかし，外からエネルギーの供給があれば，各スケール間のエネルギー伝達機構によって，エネルギー散逸とが釣り合った状態が発生する．このことを乱流平衡状態という．低波数にあるエネルギーが段階を経てエネルギーが高波数への変動成分へ順序に運ばれていく見方をエネルギー・カスケードという．

エネルギーの大部分を担っている代表的長さスケール l_0，代表的速度変動の大きさ v_0，流体の動粘性係数 ν を用いて乱流レイノルズ数を

$$Re_T = \frac{v_0 l_0}{\nu} \tag{11.38}$$

と定義する．乱流レイノルズ数が十分大きいときエネルギー・カスケードの考え方が成り立っていると考える．乱流のエネルギースペクトルの小スケール成分はエネルギー散逸 ε と動粘性係数 ν に支配されているとすると，$E(k)$ の関数形は次元解析によって与えられる．エネルギー散逸 ε の次元は単位質量当たりの運動エネルギーを時間で割ったものであり，長さと時間の次元をそれぞれ [L] と [T] とすると，ε と ν の次元は

$$[\varepsilon] = L^2 T^{-3}, [\nu] = L^2 T^{-1}$$

である．一方，$E(k)$ の次元は

$$[E(k)] = L^3 T^{-2}$$

である．次元解析の結果，

$$E(k) = \nu^{5/4} \varepsilon^{1/4} e(k/k_k) \tag{11.39}$$

となり，エネルギースペクトルの大きさを $\nu^{5/4} \varepsilon^{1/4}$ で無次元化し，無次元関数 $e(k/k_k)$ で表される乱流の種類によらない性質があることを示唆している．規格波数

$$k_k = \left(\frac{\varepsilon}{\nu^3}\right)^{1/4} \tag{11.40}$$

をコルモゴロフ波数と呼ぶ．その逆数がコルモゴロフ長

$$l_k = \left(\frac{\nu^3}{\varepsilon}\right)^{1/4} \tag{11.41}$$

である．乱流レイノルズ数が極めて大きい場合は，低波数側には粘性によらない領域が存在すると考えられる．この領域では無次元関数は $\nu^{-5/4}$ に比例するとし，$e(k/k_k)$ は $(k/k_k)^{-5/3}$ の関数である必要がある．したがって

$$E(k) = C_k \varepsilon^{2/3} k^{-5/3} \tag{11.42}$$

と書ける．このべき法則が成り立つ領域を慣性領域という．ここに，C_k は無次元定数でコルモゴロフ定数 (Kolomogorov constant) と呼ばれる．これをコルモゴロフ (Kolomogorov) の慣性領域スペクトルやマイナス 3 分の 5 乗則スペクトルという．

11.3.6 濃度拡散

十分高いレイノルズ数においては，パッシブスカラー場を平均と変動部分に分け

$$c(\vec{x},t) = \bar{c} + c'(\vec{x},t) \tag{11.43}$$

を得る．このスカラー場の変動の相関を

$$C(\vec{r}) = \overline{c'(\vec{x}+\vec{r},t)c'(\vec{x},t)} \tag{11.44}$$

と表し，スカラー変動の相関関数のフーリエ変換で定義されるスカラーパワースペクトル関数

$$E_\theta(k) = \frac{4\pi k^2}{(2\pi)^3} \int C(\vec{r}) e^{-i\vec{k}\cdot\vec{r}} d\vec{r} \tag{11.45}$$

の振る舞いによって乱流濃度拡散現象の統計法則を考察する．

（10.35）式に（11.43）式を代入して，$c(\vec{x},t)$ をかけて平均をとれば，スカラー変動場の時間発展を記述する方程式

$$\frac{\partial}{\partial t}\left(\frac{1}{2}\overline{c'^2}\right) + \frac{\partial}{\partial x_i}\left(\frac{1}{2}\overline{u_i c'^2}\right) = -\kappa_c \overline{\left(\frac{\partial c'}{\partial x}\right)^2} \tag{11.46}$$

を得られる．右辺をスカラー散逸率という．スカラー場の変動が乱流によって混合され，勾配拡散によって飽和すると考えることができる．したがって，スカラー場変動の最小長さ l_c の見積もりは，乱流の慣性時間 $\varepsilon^{-1/3} l_c^{2/3}$ と拡散の特性時間 $\kappa_c^{-1} l_c^2$ を等しくおくことによって得られる．

$$l_c = \left(\frac{\kappa_c^3}{\varepsilon}\right)^{1/4} \tag{11.47}$$

となる．この長さをオブコフ–コアシン長という．

先生：乱流は物質の拡散現象に見られるように，日常的な現象であることが重要ですね．十分発達した乱流は統計的に見ることが適していることがわかって頂けたと思います．また，カスケード（滝）というのは乱流分野の独特な表

現です.

明子さん：長さやその逆数の波数で見る方法は乱流の理解にとって重要だとわかりました.

洋平君：統計量として見やすくなっているところがポイントでしょうが，乱流の慣性時間と拡散の特性時間という概念も不思議な感じです．また，乱流のもっているスペクトルの特徴が次元解析だけで捕えられている点は驚きです．

第3編

　第3編では、第2編までに記述した基礎的事項を流体工学に対してどのように応用するかという考え方を述べている。乱流のように複雑な流れは、歴史的にモデリングといって一種の簡単化が多く試みられてきた。流体工学では、翼面加重などのように必要な物理量が設計仕様として最初に要求されることが多い。その要求にこたえることができるためには、原理から理解して何らかの近似を行うことが大切である。Navier-Stokes方程式を解くことは、いまだに容易ではない。一方、必ずしも方程式のすべての項を問題にしなくてもよい近似になることもしばしば経験される。本編では、実用的な方法のために枠組の作り方・考え方を学ぶ。

第12章 物体に働く流体力

　工学として重要な流体力は揚力と抗力である．航空機を空気流体力学的反作用によって空中に浮かせる平面的形状を一般に翼と呼んでいる．翼に発生する揚力には仕事をさせ，抗力は損失になると考えてよい．翼においては揚力抗力比が通常の物体より極めて大きいことが特徴である．本編では，何故そのような大きな揚力抗力比が得られるのか，また揚力や抗力がどのような機構から発生しているかまなぶ．

　図 12.1 に示すような薄い翼について考える．翼の上下面における圧力差はベルヌーイの定理を使うと以下のように表される．

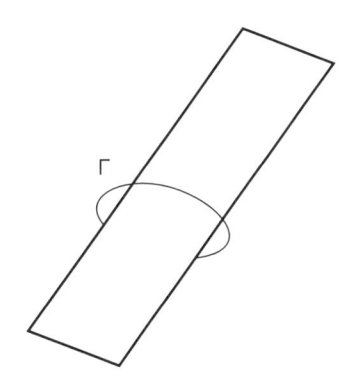

図 12.1 翼に発生する循環

$$p_l - p_u = \frac{1}{2}\rho(u_u^2 - u_l^2) = \frac{1}{2}\rho(u_u + u_l)(u_u - u_l) \tag{12.1}$$

薄翼であるので一様気流速度 u_0 からの変化が小さいので

$$p_l - p_u = \rho u_0 (u_u - u_l) \tag{12.2}$$

と近似できる．したがって，翼形に働く揚力は

$$L = \rho u_0 \int_0^c (u_u - u_l) dx \tag{12.3}$$

となる．一方，翼表面まわりの循環は

$$\Gamma = \oint u \cdot dl = \int_0^c u_l dx + \int_c^0 u_u dx = -\int_0^c (u_u - u_l) dx \tag{12.4}$$

となる．したがって，揚力は

$$L = -\rho u_0 \Gamma \tag{12.5}$$

と表される．ここで循環は翼形を含む閉じたループで積分することを意味している．一般化すると，任意の二次元形状をもつ一様物体が回りの気流と相対運動をする場合，物体の単位長さ当たりに働く流体力は (12.3) 式のように表され，速度 u_0 に垂直に働く．これをクッタ・ジュウコフスキーの定理（Kutta-Joukovski's Theorem）と呼ぶ．ただし，循環 Γ は反時計まわりの時に正，時計回りに負である．クッタ・ジュウコフスキーの定理は粘性の影響について直接的には考慮していない．ストークスの定理を使うと，循環は

$$\Gamma = \oint u \cdot dl = \int_S \omega dS \tag{12.6}$$

となり，渦度の面積分 $\int_s dS$ を使って表すことができる．したがって，閉ループで表される循環の大きさは，閉ループをその端とした 3 次元翼端を含むような面内の渦度の総和と対応している．

一方，実験的に物体表面における圧力やせん断応力を計測することができるので，計測したそれぞれの量を一周積分して求めることができる．圧力による力 pdA と壁面摩擦応力による力 τdA はそれぞれ dA に垂直および接線方向に働く（図 12.2 参照）．力 pdA の流れに垂直な成分を物体の全表面にわたって積分すると揚力が得られる．

$$L = \int_A p \sin\theta dA \tag{12.7}$$

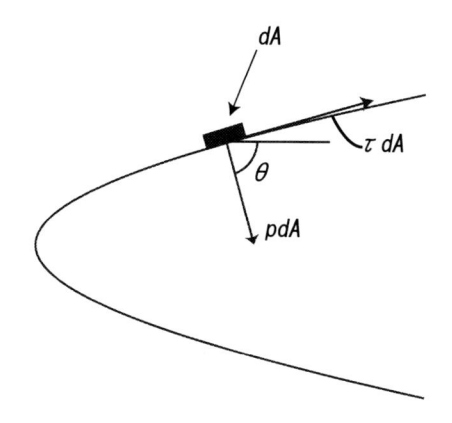

図 12.2 翼面に働く圧力と摩擦応力

ただし，摩擦応力を積分した値は極めて小さいので省略している．pdA の流れに平行な成分を積分したものと τdA の流れに平行な成分を積分したものを加えあわせると抗力が得られる．

$$D = \int_A p\cos\theta dA + \int_A \tau\sin\theta dA \tag{12.8}$$

それぞれ圧力抗力と摩擦抗力と呼ぶ．揚力や抗力は動圧 $(1/2)\rho U^2$ と基準面積 S との積で割り，それぞれ揚力係数や抗力係数として表すことが一般的である．

$$C_L = \frac{L}{(1/2)\rho U^2 S}, \quad C_D = \frac{D}{(1/2)\rho U^2 S} \tag{12.9}$$

先生：クッタ・ジュウコフスキーの定理は翼周りの流れを考える基本です．一方，クッタ・ジュウコフスキーの定理から出発すると，循環 Γ を大きくなるように工夫した答えの一つが翼形状であるといえます．ただし，それは唯一の答えではないので，工夫次第によっては新しい機構を発明することができると期待されます．たとえば，小さな昆虫の飛行をよく観察すると，私たちが見たことがないような興味深い飛び方をするものがいることに気付きます．

洋平君：僕は人間が作った飛行機に興味がありましたが，とんぼなどの昆虫は羽根のみならず筋肉や体も空を飛ぶのに適しており，また昆虫ははるか太古から空を飛び回っていたことを考えると何か夢がありますね．

明子さん：小さな昆虫と鳥のような生物では羽根の詳細がだいぶ違うように

思います.

先生：たいへんおもしろいことに気付いていますね.

第13章
完全流体の流れ

完全流体（perfect fluid）という言い方は，初めて流体力学をまなぶ方にとっては少々耳慣れない用語かもしれない．非圧縮性流体においては，非粘性流体を完全流体と呼んでいるが，圧縮性流体では断熱条件と非粘性条件が導入される．したがって，等エントロピー流れ（isentropic flow）と呼ぶことができ，以下の断熱運動の方程式を満たす．

$$\rho T \frac{Ds}{Dt} = 0 \tag{13.1}$$

連続の式を使えば，エントロピー保存の式

$$\frac{\partial(\rho s)}{\partial t} = -\mathrm{div}(\rho s \vec{u}) \tag{13.2}$$

を得る．運動方程式は，(7.11) 式で与えたオイラーの運動方程式である．ここでオイラー方程式の別の形を示す．移流項 $(\vec{u}\cdot\nabla)\vec{u}$ について次の恒等式が成り立つ．

$$(\vec{u}\cdot\nabla)\vec{u} = -\vec{u}\times(\nabla\times\vec{u}) + \nabla(u^2/2)$$

これを代入して，渦度 $\vec{\omega}$ を用いると

$$\frac{\partial \vec{u}}{\partial t} - \vec{u}\times\vec{\omega} = -\nabla\frac{u^2}{2} - \frac{1}{\rho}\nabla p - \nabla\Phi \tag{13.3}$$

となる．ただし，一様重力加速度 g の重力場（z 軸の負の方向）$\Phi = gz$ を表す．完全流体の運動に対して成り立つ基本定理の一つがベルヌー

ベクトルの公式

ベクトル

$$A = |A|e, ベクトルの大きさ |A|,$$
$$e\ 単位ベクトル, |e| = 1$$

直交座標系 (x, y, z) における基本単位ベクトル $i(1,0,0), j(0,1,0), k(0,0,1)$ を使って
$$A = A_x i + A_y j + A_z k$$

と記述する事ができる．(A_x, A_y, A_z) をベクトル A の成分表示という．一方，

$$A/|A| = a_x i + a_y j + a_z k$$

とすると (a_x, a_y, a_z) を方向余弦といい，ベクトル A と x 軸，y 軸および z 軸となす角度 α, β および γ としたとき

$$(a_x, a_y, a_z) = (\cos\alpha, \cos\beta, \cos\gamma)$$

が成り立つ．

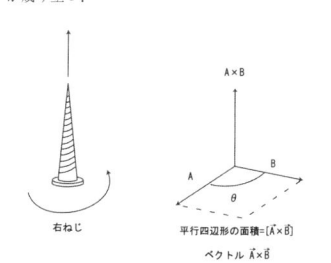

スカラー積

$$A \cdot A = |A|^2$$
$$= A_x^2 + A_y^2 + A_z^2$$
$$A \cdot B = B \cdot A = AB\cos\theta$$
$$= A_x B_x + A_y B_y + A_z B_z$$
$$A \cdot (B + C) = A \cdot B + A \cdot C$$

ベクトル積

$$A \times B = AB\sin\theta \cdot n$$
$$= (A_y B_z - A_z B_y)i$$
$$+ (A_z B_x - A_x B_z)j$$
$$+ (A_x B_y - A_y B_x)k$$
$$A \times B = -B \times A$$
$$A \cdot (B \times C) = B \cdot (C \times A)$$
$$= C \cdot (A \times B)$$
$$= \begin{vmatrix} A_x & A_y & A_z \\ B_x & B_y & B_z \\ C_x & C_y & C_z \end{vmatrix}$$
$$(A \times B) \times C = (A \cdot C)B$$
$$- (B \cdot C)A$$
$$\{A \cdot [B \times (C \times D)]\}$$
$$= (A \times B) \cdot (C \times D)$$

3次元直交座標の基本単位ベクトル$i(1,0,0), j(0,1,0), k(0,0,1)$に対して

$$i \times j = -j \times i = k,$$
$$j \times k = -k \times j = i,$$
$$k \times i = -i \times k = j$$

が成り立つ．

イの定理である．よく知られた熱力学的関係式を使おう．エンタルピー $dh = Tds + \frac{1}{\rho}dp$ が成り立つ．等エントロピー変化 $ds = 0$ においては $dh = dp/\rho$ を得る．したがって

$$\frac{1}{\rho}\mathrm{grad}\,p = \mathrm{grad}\,h \tag{13.4}$$

が成り立つ．オイラーの運動方程式（13.3）式は

$$\frac{\partial \vec{u}}{\partial t} + \vec{\omega} \times \vec{u} = -\mathrm{grad}\left(\frac{1}{2}u^2 + h + \Phi\right) \tag{13.5}$$

となる．定常な場合と渦なしの場合に重要な関係式を導くことができる．定常な場合を本章で考察する．（13.5）式の左辺において第二項だけが問題となり

$$\vec{\omega} \times \vec{u} = -\mathrm{grad}\left(\frac{1}{2}u^2 + h + \Phi\right) \tag{13.6}$$

となる．積 $\vec{\omega} \times \vec{u}$ と $\vec{u}$ の内積は 0 となる．速度 $\vec{u}$ の方向の単位ベクトル $\vec{e}$ と（13.6）式の内積をとると

$$\frac{\partial}{\partial s}\left(\frac{1}{2}u^2 + h + \Phi\right) = 0 \tag{13.7}$$

流線に沿う微分 $\partial/\partial s$ であるので括弧内は各流線上で一定という性質が導かれる．これをベルヌーイの定理と呼ぶ．

$$H \equiv \frac{1}{2}u^2 + h + \Phi = \text{一定} \tag{13.8}$$

一方，積 $\vec{\omega} \times \vec{u}$ と $\vec{\omega}$ の内積も 0 となることより，H は渦線に沿っても一定であることがわかる．

圧縮性流体の場合は，等エントロピー変化（$p = C\rho^\gamma$：C 定数）では

$$h = \int \frac{dp}{\rho} = \frac{\gamma}{\gamma - 1}\frac{p}{\rho} \tag{13.9}$$

と表すことができる．したがって

$$H \equiv \frac{1}{2}u^2 + \frac{\gamma}{\gamma - 1}\frac{p}{\rho} + \Phi = \text{一定} \tag{13.10}$$

となる．静止状態の温度 T_0 を全温という．空気の流れでは重力の影響を無視して

$$\frac{1}{2}u^2 + \frac{\gamma}{\gamma-1}\frac{p}{\rho} = \frac{\gamma}{\gamma-1}RT_0 \tag{13.11}$$

となる．音速 $a = \sqrt{\gamma RT}$ を使えば

$$\frac{1}{2}u^2 + \frac{a^2}{\gamma-1} = \frac{a_0^2}{\gamma-1} \tag{13.12}$$

を得る．a_0 は静止状態での音速である．

　一方，非圧縮性流体においては，密度 ρ を一定とおけば，エンタルピー $h = p/\rho$ と表され，かつ，重力のみが作用している場合には $\Phi = gz$ であるので

$$\rho H = \frac{1}{2}\rho u^2 + p + \rho gz = 一定 \tag{13.13}$$

と表せる．

　さらに，重力の影響が無視できる場合は

$$\frac{1}{2}\rho u^2 + p = 一定 \tag{13.14}$$

非圧縮性流れにおける流速計測（ピトー管）の原理として用いる．いま，x 方向の一様な速度 U の流れのなかに図 5.8 に示すようなピトー管が置かれている．ピトー管から十分離れた遠方では速度 u は U に近付き，圧力 p も一定値 p_∞ になるとする．ベルヌーイの式は各流線について成り立つ関係であるが，無限遠方ではどの流線上でも左辺は同じ $1/2\rho U^2 + p_\infty$ になるので，右辺は流線によらない定数となる．したがって，すべての流線に対して同一のベルヌーイの式が成り立つ．ピトー管の先頭部では流れが塞き止められ，速度 $u = 0$ であり，圧力 p_0 は

$$p_0 = p_\infty + \frac{1}{2}\rho U^2 \tag{13.15}$$

と表され，よどみ点圧または全圧と呼ぶ．ピトー管の形状と静圧の関係を調べ側壁によって静圧 p_∞ が精度よく計測できるようになっている．風洞実験においては側壁でも静圧が計測されるが，ピトー管によって得られた動圧 $1/2\rho U^2$ より

$$U = \sqrt{2(p_0 - p_\infty)/\rho} \tag{13.16}$$

と計測することができる．

> 洋平君：ベルヌーイの定理のような取り扱いは単純でわかりやすいのですが，前提条件に注意しないといけないですね．
>
> 先生：細かなことを言わずに使える点はすばらしいですね．流体工学としての立場は，そこそこ実際の流れを表していればよいということもあります．したがって，ピトー管の速度は必ず（13.16）式において 1.0 にほぼ等しいピトー管係数をかけて用いています．

第14章
渦なし流れ

　非圧縮性流体渦なし流れは，ポテンシャル流れとも呼ばれ，流れを解析的に求めることができる．いたるところ渦なし条件を満たす流れは，局所的に見ると，変形を伴うが回転成分が 0 であって速度がポテンシャル関数 φ を使って表される．すなわち

$$\nabla \times \vec{u} = 0 \tag{14.1}$$

を満たす流れ場の速度ベクトル $\vec{u}$ は

$$\vec{u} = \mathrm{grad}\varphi \tag{14.2}$$

と表すことができる．流れがポテンシャル流のときはオイラーの運動方程式を一度積分することができる．速度の式と $\vec{\omega} = 0$ を（13.5）式に代入すると

$$\mathrm{grad}\left(\frac{\partial \varphi}{\partial t} + \frac{1}{2}u^2 + h + \Phi\right) = 0 \tag{14.3}$$

を得る．いたるところ括弧内の関数の勾配が 0 である．括弧内の関数を f とすると，（14.3）式は $(f_x, f_y, f_z) = (0, 0, 0)$ がすべての流れ場で成り立つことを意味している．したがって，関数 f は時間だけの関数でなければならない．ここで，ポテンシャル関数 φ' を導入して

$$\frac{\partial \varphi'}{\partial t} = \frac{\partial \varphi}{\partial t} - f(t) \tag{14.4}$$

とし，さらにこの関数 φ' を新しく速度ポテンシャル φ とすることにすれば，(14.3) 式の積分は

$$\varphi_t + \frac{1}{2}u^2 + h + \Phi = C \text{ (定数)} \tag{14.5}$$

となる．(14.5) 式を圧力方程式という．

非圧縮性流れでは $h = p/\rho_0$ となるので，重力が作用している場合では

$$\varphi_t + \frac{1}{2}u^2 + \frac{p}{\rho_0} + gz = C \tag{14.6}$$

となる．

非圧縮性流体の場合，速度を連続の式に代入すると

$$\mathrm{div}\vec{u} = \mathrm{div\,grad}\varphi = \nabla^2 \varphi = 0 \tag{14.7}$$

を得る．これはラプラスの方程式であり次のようにも書ける

$$\frac{\partial^2 \varphi}{\partial x^2} + \frac{\partial^2 \varphi}{\partial y^2} + \frac{\partial^2 \varphi}{\partial z^2} = 0 \tag{14.8}$$

この方程式を満たす関数は調和関数と呼ばれる．それがどのような流れ場であるかは満たすべき境界条件によって決まる．

物体がある場合は，その表面上で速度の法線成分は 0 でなければならない．

14.1 水の波

日常的に観察される非圧縮性完全流体の波動現象に重力場の下での水の波がある．水の自由表面を図 14.1 のように，$z = \eta(x, y, t)$ とすれば変形する境界面は

$$z = \eta(x, y, t) \tag{14.9}$$

と与えられる．水面の z 方向速度はポテンシャル流れであるので，$w = \partial \varphi / \partial z$ と表され，境界面 η の変化と一致することが境界条件となる．境界面変化にラグランジェ微分を使うと，境界面は水面の z 方向速度と一致するため，満たすべき方程式は

$$\frac{\partial \varphi}{\partial z} = \frac{\partial \eta}{\partial t} + u\frac{\partial \eta}{\partial x} + v\frac{\partial \eta}{\partial y} \tag{14.10}$$

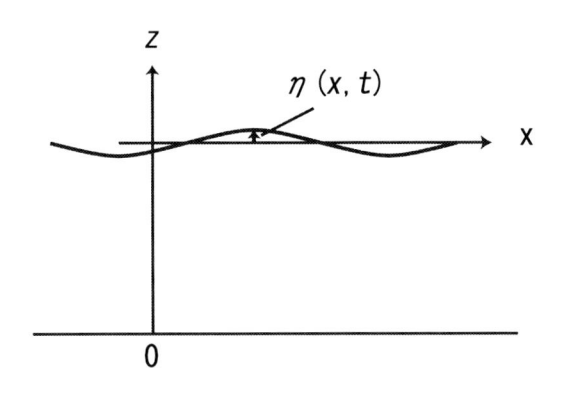

図 14.1 水の波の座標系

となる．さらに，水面においては力の釣り合いが要求される．渦なし流れでは圧力方程式が成り立つが，(13.12) 式より水面に働く大気圧を p_0 とすれば

$$\varphi_t + \frac{1}{2}|\mathrm{grad}\varphi|^2 + \frac{p}{\rho_0} + gz = \frac{p_0}{\rho_0} \tag{14.11}$$

となる．水面 $z=\eta$ において圧力は p_0 であるから

$$\eta = -\frac{1}{g}\varphi_t - \frac{1}{2g}|\mathrm{grad}\varphi|^2 \tag{14.12}$$

となる．ここで，波の振幅が極めて小さいとして φ と η の 2 次の項を無視すると，境界条件の (14.10) 式, (14.12) 式は

$$\frac{\partial\varphi}{\partial z} = \frac{\partial\eta}{\partial t}, \quad \eta = -\frac{1}{g}\varphi_t \tag{14.13}$$

となり，両辺から η を消去すれば，ポテンシャル関数 φ に対する条件式

$$z=\eta において, \frac{\partial^2\varphi}{\partial t^2} + g\frac{\partial\varphi}{\partial z} = 0 \tag{14.14}$$

が得られる．一方，水底においては，静止物体境界面における非粘性境界条件

$$(\mathrm{grad}\varphi)_n = 0 \tag{14.15}$$

が与えられる．したがって，ラプラス方程式を二つの境界条件 (14.14) 式, (14.15) 式で解くことになる．ポテンシャル関数 φ は静止水面 $z=0$ での関数 $\varphi(x,y,0,t)$ とそれより高次の項からできていると考えれば，微

movie14.1
水面の波

movie14.2
水面のさまざまな波 1

movie14.3
水面のさまざまな波 2

movie14.4
水面のさまざまな波 3

小項を無視することにすることによってポテンシャル関数 $\varphi(x,y,0,t)$ に対する境界条件は

$$z = 0 \text{ において}, \frac{\partial^2 \varphi}{\partial t^2} + g\frac{\partial \varphi}{\partial z} = 0 \tag{14.16}$$

と表される．線形境界条件（14.16）式と境界条件（14.15）式よりポテンシャル関数 $\varphi(x,y,0,t)$ が決定されれば，(14.13) 式より水面波形を求めることができる．

水の運動は (x, z) 平面の 2 次元運動であると仮定する．また，水底が無限遠方にあるとする．この場合，波は x 軸方向にのみ伝播するので 1 次元波という．基礎方程式は 2 次元ラプラス方程式である．

$$\frac{\partial^2 \varphi}{\partial x^2} + \frac{\partial^2 \varphi}{\partial z^2} = 0 \tag{14.17}$$

自由表面の変形が進行波として

$$\varphi = \phi(z)\sin(kx - \omega t) \tag{14.18}$$

の形の解とおく．ここに，ω は角振動数であり k は波数と呼ばれ，$\lambda = 2\pi/k$ は波長を表す．$\phi(z)$ は振幅関数である．

ラプラス方程式（14.17）式に代入すると，振幅関数に対する方程式

$$\frac{d^2\phi(z)}{dz^2} - k^2\phi(z) = 0 \tag{14.19}$$

が得られる．この微分方程式の一般解は

$$\phi = C_1 e^{kz} + C_2 e^{-kz} \tag{14.20}$$

と表せるが，遠方（$z \to -\infty$）での境界条件より $C_2 = 0$ とする（図 14.2 参照）．したがって

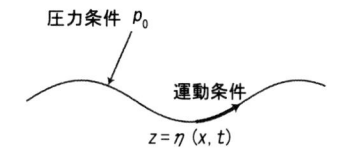

図 14.2 表面波の条件

$$\varphi = C_1 e^{kz} \sin(kx - \omega t) \tag{14.21}$$

となる．水面の境界条件（14.16）式に代入すると

$$\omega^2 = gk \tag{14.22}$$

が得られる．振動数と波数の関係は分散関係という．表面の変位は

$$\eta = \frac{k}{\omega} C_1 \cos(kx - \omega t) \tag{14.23}$$

となる．この波は重力によって起こるので表面重力波という．

一方，表面張力の影響が顕著な場合は波長の短い表面張力波が発生する．

14.2 圧縮性流体の渦なし流れ

非定常オイラーの運動方程式と連続の式を用いると，等エントロピー流れでの渦度方程式は

$$\frac{\partial \vec{u}}{\partial t} + \vec{\omega} \times \vec{u} = -\mathrm{grad}\left(\frac{1}{2}u^2 + h + \Phi\right)$$

と表すことができた．左辺とナブラ演算子のベクトル積をとると，ベクトル公式（92 ページ）より

$$\nabla \times (\vec{\omega} \times \vec{u}) = (\vec{u} \cdot \nabla)\vec{\omega} - (\vec{\omega} \cdot \nabla)\vec{u} + (\nabla \cdot \vec{u})\vec{\omega} \tag{14.24}$$

を得る．右辺とナブラ演算子のベクトル積は 0 ベクトルであるので

$$\frac{\partial \vec{\omega}}{\partial t} + (\vec{u} \cdot \nabla)\vec{\omega} = (\vec{\omega} \cdot \vec{\nabla})\vec{u} - (\nabla \cdot \vec{u})\vec{\omega} \tag{14.25}$$

等エントロピー流れでは，渦度が 0（渦なし流れ）は自明な解であることがわかる．定常の流れでは，連続の式は

$$\frac{1}{\rho}\vec{u} \cdot \nabla\rho = -\mathrm{div}\vec{u} \tag{14.26}$$

と表され，音速 $a^2 = dp/d\rho$ の関係より

$$\begin{aligned}
u\frac{\partial \rho}{\partial x} &= u\frac{\partial \rho}{\partial p}\frac{\partial p}{\partial x} = \frac{u}{a^2}\frac{\partial p}{\partial x}, \quad v\frac{\partial \rho}{\partial y} = v\frac{\partial \rho}{\partial p}\frac{\partial p}{\partial y} \\
&= \frac{v}{a^2}\frac{\partial p}{\partial y}, \quad w\frac{\partial \rho}{\partial z} = w\frac{\partial \rho}{\partial p}\frac{\partial p}{\partial z} = \frac{w}{a^2}\frac{\partial p}{\partial z}
\end{aligned} \tag{14.27}$$

が得られる．運動方程式を使えば圧力勾配項を書き換えることができる．

各項は

$$-\frac{\rho u}{a^2}\left(u\frac{\partial u}{\partial x}+v\frac{\partial u}{\partial y}+w\frac{\partial u}{\partial z}\right),\quad -\frac{\rho v}{a^2}\left(u\frac{\partial v}{\partial x}+v\frac{\partial v}{\partial y}+w\frac{\partial v}{\partial z}\right),$$
$$-\frac{\rho w}{a^2}\left(u\frac{\partial w}{\partial x}+v\frac{\partial w}{\partial y}+w\frac{\partial w}{\partial z}\right) \tag{14.28}$$

と表される．したがって，(14.26) 式の左辺は

$$-\frac{u}{a^2}\left(u\frac{\partial u}{\partial x}+v\frac{\partial u}{\partial y}+w\frac{\partial u}{\partial z}\right)-\frac{v}{a^2}\left(u\frac{\partial v}{\partial x}+v\frac{\partial v}{\partial y}+w\frac{\partial v}{\partial z}\right)$$
$$-\frac{w}{a^2}\left(u\frac{\partial w}{\partial x}+v\frac{\partial w}{\partial y}+w\frac{\partial w}{\partial z}\right)$$

である．渦なしであるため，速度ポテンシャル φ によって速度場が表される．

$$\mathrm{div}\vec{u}=\nabla^2\varphi=\frac{1}{a^2}\left[\frac{\partial^2\varphi}{\partial x^2}\left(\frac{\partial\varphi}{\partial x}\right)^2+\frac{\partial^2\varphi}{\partial y^2}\left(\frac{\partial\varphi}{\partial y}\right)^2+\frac{\partial^2\varphi}{\partial z^2}\left(\frac{\partial\varphi}{\partial z}\right)^2\right]$$
$$+\frac{2}{a^2}\left[\frac{\partial\varphi}{\partial x}\frac{\partial\varphi}{\partial y}\frac{\partial^2\varphi}{\partial x\partial y}+\frac{\partial\varphi}{\partial y}\frac{\partial\varphi}{\partial z}\frac{\partial^2\varphi}{\partial y\partial z}+\frac{\partial\varphi}{\partial z}\frac{\partial\varphi}{\partial x}\frac{\partial^2\varphi}{\partial z\partial x}\right] \tag{14.29}$$

解の重ねあわせの原理が一般には使えないことがわかる．非圧縮の極限 ($a^2\to\infty$) では右辺が無視でき，(14.8) 式に一致する．

14.2.1 線形化近似

高速で飛行する物体形状は長さに対して厚さが薄い．厚さの薄い物体では物体によって流れが受ける変化は小さいから，流れはいたるところ物体にほぼ平行な流れであると考えられる．このとき，速度ポテンシャルを

$$\varphi=Ux+\phi \tag{14.30}$$

すなわち

$$u=U+\frac{\partial\phi}{\partial x},\quad v=\frac{\partial\phi}{\partial y},\quad w=\frac{\partial\phi}{\partial z}, \tag{14.31}$$

と近似することができる．ϕ は微小量であるので，ポテンシャル方程式 (14.8) 式において ϕ に関して 2 次の項を無視すると，(14.29) 式の右辺第一項のみを考慮する必要があることがわかる．したがって

$$(1 - M_\infty^2)\frac{\partial^2 \phi}{\partial x^2} + \frac{\partial^2 \phi}{\partial y^2} + \frac{\partial^2 \phi}{\partial z^2} = 0 \tag{14.32}$$

となる．ただし，$M_\infty = U/a$ は一様流のマッハ数を表す．基礎方程式は線形化され，亜音速流れ（$M_\infty < 1$）においては方程式は楕円型である．

14.2.2 プラントル・グロアートの法則

一様流が亜音速である場合には

$$\beta = \sqrt{1 - M_\infty^2} \tag{14.33}$$

とし，座標系 (x, y, z) から

$$\xi = x, \quad \eta = \beta y, \quad \zeta = \beta z \tag{14.34}$$

で表わされる座標系 (ξ, η, ζ) に変換する．
速度ポテンシャルを

$$\phi(x, y, z) = \lambda \phi'(\xi, \eta, \zeta) \tag{14.35}$$

とおけば，ラプラス方程式は

$$\frac{\partial^2 \phi'}{\partial \xi^2} + \frac{\partial^2 \phi'}{\partial \eta^2} + \frac{\partial^2 \phi'}{\partial \zeta^2} = 0 \tag{14.36}$$

となり，非圧縮性流れに帰着する．

ここでは，薄翼まわりの 2 次元流れを考える．境界条件は，物体表面では流れが表面に平行であるから，薄翼表面が $y = h(x)$ で表されるとき

$$\frac{\partial \phi}{\partial y} = U\frac{\partial h(x)}{\partial x} \tag{14.37}$$

となる．また，無限遠方では

$$\frac{\partial \phi}{\partial x} \to 0, \frac{\partial \phi}{\partial y} \to 0 \tag{14.38}$$

で与えられる．

座標系 (ξ, η) では，境界条件は

$$\frac{\partial \phi'}{\partial \eta} = \frac{U}{\lambda \beta} \frac{\partial h(\xi)}{\partial \xi}, \sqrt{\xi^2 + \eta^2} \to \infty \ \text{で} \ \frac{\partial \phi'}{\partial \xi} \to 0, \frac{\partial \phi'}{\partial \eta} \to 0 \quad (14.39)$$

となる．すなわち，境界条件 (14.37) 式，(14.39) 式のもとにラプラス方程式 (14.32) 式を解くことは，表面が

$$\eta = \frac{1}{\lambda \beta} h(\xi) \quad (14.40)$$

で表される物体を置いた場合の非圧縮性流れを求めることに相当する．

物体に働く圧力は，等エントロピー関係式 ($p = C\rho^\gamma : C$ 定数) と圧縮性ベルヌーイの式 (13.12) 式に (14.31) 式を代入することにより

$$\begin{aligned} p/p_\infty &= (a^2/a_\infty^2)^{\gamma/(\gamma-1)} \\ &= \left[1 - (\gamma-1)\frac{U}{a_\infty^2}\frac{\partial \phi}{\partial x}\right]^{\gamma/(\gamma-1)} \end{aligned} \quad (14.41)$$

となる．ただし，ϕ について 2 次の量を無視している．さらに，テイラー展開して

$$\left[1 - (\gamma-1)\frac{U}{a_\infty^2}\frac{\partial \phi}{\partial x}\right]^{\gamma/(\gamma-1)} \fallingdotseq 1 - \gamma \frac{U}{a_\infty^2}\frac{\partial \phi}{\partial x}$$

と表わされるので，圧力係数 $C_p = \dfrac{p - p_\infty}{(1/2)\rho_\infty U^2}$ は

$$C_p = -\frac{2}{U}\frac{\partial \phi}{\partial x} = -\frac{2}{U}\lambda \frac{\partial \phi'}{\partial \xi} \quad (14.42)$$

のように表される．

したがって，圧力係数は非圧縮性流れの λ 倍であり，圧力分布を積分して得られる揚力係数も同様に

$$C_L = \lambda C_{Li} \quad (14.43)$$

となるプラントル・グロアート (Prandtl-Glauert) の法則という．図 14.3 には，プラントル・グロアートの法則に従って亜音速流れでは揚力係数が増加する様子が示されている．遷音速流れや超音速流れでは亜音速流れとはだいぶ異なるため揚力係数は複雑に変化する．

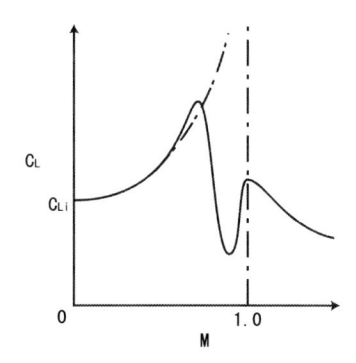

図 14.3 プラントル・グロアートの法則（破線）と実験結果（実線）

14.3 簡単なポテンシャル流れ

ラプラスの方程式で支配された流れをポテンシャル流と呼ぶが，この流れは重ね合わせの原理が成り立つ．ここでは，2次元流れの場合について記述する．デカルト座標系 (x,y) を使えば，流れ場 (u,v) は以下のように表わされる．

$$u = \frac{\partial \varphi}{\partial x}, v = \frac{\partial \varphi}{\partial y} \tag{14.44}$$

一方，円柱座標系を使えば

$$u_r = \frac{\partial \varphi}{\partial r}, v_\theta = \frac{\partial \varphi}{r \partial \theta} \tag{14.45}$$

と表わすことができる．
2次元流れでは流れ関数が定義でき

$$u = \frac{\partial \psi}{\partial y}, v = -\frac{\partial \psi}{\partial x} \tag{14.46}$$

となり，円柱座標系では

$$u_r = \frac{\partial \psi}{r \partial \theta}, v_\theta = -\frac{\partial \psi}{\partial r} \tag{14.47}$$

となる．流れ関数を使うと連続の式が恒等的に満足されることに注意しよう．
2次元渦なし条件

$$\frac{\partial u}{\partial y} = \frac{\partial v}{\partial x} \tag{14.48}$$

コーシー・リーマンの関係
$\frac{\partial \varphi}{\partial x} = \frac{\partial \psi}{\partial y}, \frac{\partial \varphi}{\partial y} = -\frac{\partial \psi}{\partial x}$

を流れ関数について表すと

$$\frac{\partial^2 \psi}{\partial x^2} + \frac{\partial^2 \psi}{\partial y^2} = 0 \tag{14.49}$$

2次元ラプラス方程式を満たす．$\psi = \text{const}$ は流線を表し

$$\left.\frac{dy}{dx}\right|_{\psi=\text{const}} = \frac{v}{u} \tag{14.50}$$

である．一方，速度ポテンシャルは

$$d\varphi = udx + vdy \tag{14.51}$$

であるから，等ポテンシャル線（$\varphi = \text{const}$）上では

$$\left.\frac{dy}{dx}\right|_{\varphi=\text{const}} = -\frac{u}{v} \tag{14.52}$$

であり，流線と等ポテンシャル線は直交することがわかる．

14.3.1 一様流

最も単純な流れは，流線がまっすぐで平行，そしてその大きさが一定の一様流がある．たとえば，$u = U, v = 0$ と表される流れであり，速度ポテンシャルを使うと

$$\frac{\partial \varphi}{\partial x} = U, \frac{\partial \varphi}{\partial y} = 0 \tag{14.53}$$

と表され，この二つの方程式によって

$$\varphi = Ux + C \tag{14.54}$$

である．ただし，C は任意定数である．一方，流れ関数を使うと

$$\frac{\partial \psi}{\partial y} = U, \frac{\partial \psi}{\partial x} = 0 \tag{14.55}$$

と表され二つの方程式によって

$$\psi = Uy + C' \tag{14.56}$$

である．

14.3.2 わき出しと吸い込み

一点から流体がわき出すことを考える．m をわき出す体積流量とすると質量保存則から

$$(2\pi r)v_r = m \tag{14.57}$$

である．流れ速度は動径方向成分のみであるので

$$\frac{\partial \varphi}{\partial r} = v_r = \frac{m}{2\pi r}, \quad \frac{\partial \varphi}{r\partial \theta} = 0 \tag{14.58}$$

積分を実行すると

$$\varphi = \frac{m}{2\pi} \ln r \tag{14.59}$$

m が正であればわき出し流れといい，m が負であれば吸い込み流れという．流れ関数では，

$$\frac{\partial \psi}{r\partial \theta} = \frac{m}{2\pi r}, \quad \frac{\partial \psi}{\partial r} = 0 \tag{14.60}$$

の関係より積分して

$$\psi = \frac{m}{2\pi}\theta \tag{14.61}$$

を得る．この結果より流線は放射状になり等ポテンシャル線は同心円状になることがわかる．

14.3.3 渦

流線が同心円になる渦運動をここでは考える．したがって

$$\varphi = K\theta, \quad \psi = -K\ln r \tag{14.62}$$

ここで K は定数である．原点を中心とする同心円となる流線の速度は

$$v_\theta = \frac{\partial \varphi}{r\partial \theta} = \frac{K}{r}, v_r = 0 \tag{14.63}$$

となり，接線方向速度は原点からの距離に反比例した大きさになる．原点は速度が無限大になる特異点である．ポテンシャル流れで表された渦

は流体粒子の軌跡であり，渦度を定義した流体要素の剛体回転とは異なることに注意しよう．基礎編で定義した循環を求めると

$$\Gamma = \int_0^{2\pi} v_\theta \cdot r d\theta = 2\pi K \tag{14.64}$$

となる．したがって，定数 K は循環の強さ Γ と関連しており

$$K = \Gamma/2\pi \tag{14.65}$$

となる．

14.3.4 二重わき出し

わき出しと吸い込みを組み合わせた流れを考察しよう．原点から同じ距離離れた位置に強さの等しいわき出しと吸い込みを置く．流れ関数は

$$\psi = -\frac{m}{2\pi}(\theta_1 - \theta_2) \tag{14.66}$$

$$\tan(\theta_1 - \theta_2) = \frac{\tan\theta_1 - \tan\theta_2}{1 + \tan\theta_1 \tan\theta_2} \tag{14.67}$$

であり，図 14.4 より

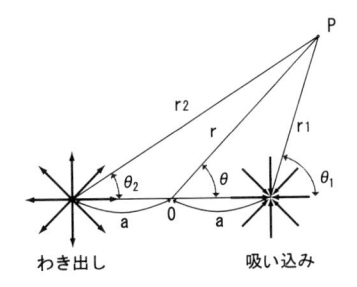

図 14.4 2 重わき出し

$$\tan\theta_1 = \frac{r\sin\theta}{r\cos\theta - a}, \quad \tan\theta_2 = \frac{r\sin\theta}{r\cos\theta + a} \tag{14.68}$$

であるので，代入すると

$$\tan(\theta_1 - \theta_2) = \frac{2ar\sin\theta}{r^2 - a^2} \tag{14.69}$$

a が小さい場合は $\tan(\theta_1 - \theta_2) = \theta_1 - \theta_2$ と近似できるので

$$\psi = -\frac{m}{2\pi}\frac{2ar\sin\theta}{r^2 - a^2} \tag{14.70}$$

となる．二重わき出しは，わき出しと吸い込みをお互いに近付け，ma/π が一定になるように極限 $(a \to 0, m \to \infty)$ 操作をする．また，$r/(r^2 - a^2) \to 1/r$ であるので

最終的に

$$\psi = -\frac{K\sin\theta}{r}, \quad \varphi = \frac{K\cos\theta}{r} \tag{14.71}$$

となる．ただし，$K = ma/\pi$ である．

14.4　円柱まわりの流れ

一様流と二重わき出しを重ねあわせると，円柱まわりの流れが表現できる．

$$\psi = Ur\sin\theta - \frac{K\sin\theta}{r}, \quad \varphi = Ur\cos\theta + \frac{K\cos\theta}{r} \tag{14.72}$$

流れ関数において，半径 a の円柱上で流線（$\psi = $ 一定）を得るには

$$\psi = \left(U - \frac{K}{r^2}\right)r\sin\theta \tag{14.73}$$

として

$$U - \frac{K}{a^2} = 0 \tag{14.74}$$

の関係を満たすように $K = Ua^2$ とする．そのときは，$\psi = 0$ である．したがって，流れ関数と速度ポテンシャルは

$$\psi = U\left(1 - \frac{a^2}{r^2}\right)r\sin\theta, \quad \varphi = U\left(1 + \frac{a^2}{r^2}\right)r\cos\theta \tag{14.75}$$

と表される．速度成分は

$$\begin{aligned}v_r &= \frac{\partial\psi}{r\partial\theta} = U\left(1 - \frac{a^2}{r^2}\right)\cos\theta, \\ v_\theta &= \frac{\partial\varphi}{r\partial\theta} = -U\left(1 + \frac{a^2}{r^2}\right)\sin\theta\end{aligned} \tag{14.76}$$

したがって，円柱表面の速度は

$$v_{\theta s} = -2U \sin\theta \tag{14.77}$$

となり，円柱の上下（$\theta = \pm\pi/2$）で主流速度の2倍になることがわかる．遠方では二重わき出しの速度場は $1/r^2$ に比例して減少している．

円柱表面の圧力分布はベルヌーイの定理を使って求めることができる．主流の圧力と速度を p_0, U とすると，

$$p_0 + \frac{1}{2}\rho U^2 = p_s + \frac{1}{2}\rho v_{\theta s}^2 \tag{14.78}$$

円柱表面速度を代入して整理すると

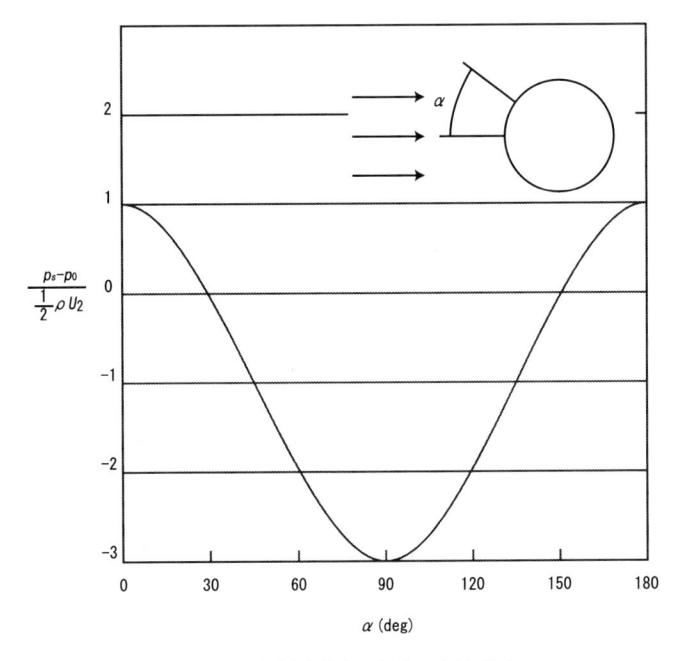

図 14.5 円柱まわりの流れの圧力分布

$$p_s - p_0 = \frac{1}{2}\rho U^2(1 - 4\sin^2\theta) \tag{14.79}$$

を得る．圧力分布を積分することによって円柱が受ける流体力を計算することができるが，(12.7)式，(12.8)式を用いて積分すると圧力分布は上下左右対称であるため円柱が流れから受ける力は0となる（図14.5参照）．実際の円柱まわりの流れでは，抵抗力が発生するので，この結果

をダランベールの背理という．粘性があることがこのパラドックスを説明する．

次に，循環 Γ が発生する自由渦をポテンシャル流れに重ねあわせると，流れ関数と速度ポテンシャルはそれぞれ

$$\psi = U\left(1 - \frac{a^2}{r^2}\right) r\sin\theta - \frac{\Gamma}{2\pi}\ln r, \quad \varphi = U\left(1 + \frac{a^2}{r^2}\right) r\cos\theta + \frac{\Gamma}{2\pi}\theta \tag{14.80}$$

と表される．円柱表面の速度は

$$v_{\theta s} = -\left.\frac{\partial \psi}{\partial r}\right|_{r=a} = -2U\sin\theta + \frac{\Gamma}{2\pi a} \tag{14.81}$$

となり，流れパターンは循環の大きさにより変わり，円柱表面上でのよどみ点の位置が（14.81）式を 0 とすることによって決まる．

$$\sin\theta_{\mathrm{Stag}} = \frac{\Gamma}{4\pi U a} \tag{14.82}$$

したがって，円柱に対して循環の大きさと主流速度との比が $-1 \leq \Gamma/4\pi Ua \leq 1$ であれば円柱表面上によどみ点が形成され，$\Gamma/4\pi Ua$ の大きさが 1 を超えれば，図 14.6（c）に示すように流れのなかに形成される．一方，円柱表面の圧力分布を与えると

$$p_s - p_0 = \frac{1}{2}\rho U^2\left(1 - 4\sin^2\theta + \frac{2\Gamma\sin\theta}{\pi aU} - \frac{\Gamma^2}{4\pi^2 a^2 U^2}\right) \tag{14.83}$$

である．積分を実行すると，三角関数の積分では括弧のなかの第三項が積分値に寄与し，$L = -\int_0^{2\pi} p_s \sin\theta \cdot a d\theta$ より

$$L = -\rho U \Gamma \tag{14.84}$$

が得られ，抗力 D は 0 である．揚力はクッタ・ジュウコフスキーの定理に一致している．

回転している円柱ではマグナス効果と呼ばれ，循環が発生して流れに垂直方向に力を受ける．同様な流れは球ではロビン効果と呼び，3 次元流れであるのでその大きさは実験結果によって与えられ，野球やサッカー競技などのボールの軌道変化は日常よく観察される．

$\Gamma < 4\pi aU$

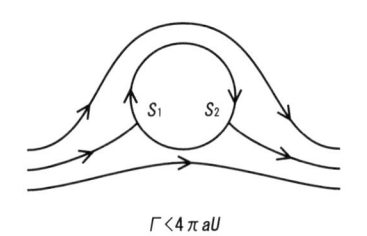

図 14.6(a) 循環の強さによる円柱まわりの流れの変化

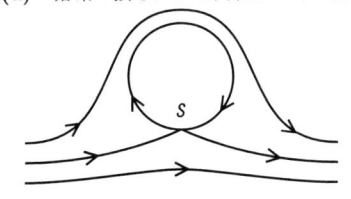

$\Gamma = 4\pi aU$

図 14.6(b) 循環の強さによる円柱まわりの流れの変化

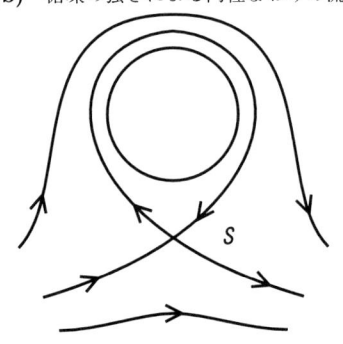

$\Gamma > 4\pi aU$

図 14.6(c) 循環の強さによる円柱まわりの流れの変化

第15章
流線形物体と鈍い物体

　定常な流線をイメージする物体形状を流線形物体と呼ぶ．流線形物体の代表的な形状に翼形がある．別な言い方をすれば，実用的レイノルズ数範囲における流線形物体のことを翼形と呼んでいる．粘性の影響を部分的に受ける翼は，第14章で述べた循環の作用を効果的に応用できるようによどみ点の一方を固定するため尖った後縁をもっている．翼は揚力を発生させる形状として深く研究され，その形状は非常に洗練されたものになっている．実際の流れにおいて，翼を使用する重要な長所は抵抗が極めて小さいことである．一方，球や円柱などの物体を実際の流れのなかに置くと抵抗は大きく，これらの物体を鈍い物体と呼ぶ．2次元定常流れにおいて説明しよう．

　流線形物体において抵抗が小さい理由は圧力抵抗が小さく，摩擦抵抗と圧力抵抗を合わせた全抵抗力が揚力の数%にしか達しない．図15.1は翼型 NACA0012 の風洞実験による結果を示す．図中にはモーメント係数も示されている．

$$C_M = \frac{M}{(1/2)\rho U^2 Sc} \tag{15.1}$$

ただし，c は弦長で，空力中心（1/4翼弦点）周りのモーメントを計測している．揚力係数が1.2近くまで $C_M = 0$ であることを注目したい．揚力係数 $C_L = 0.8$ で抵抗係数は，レイノルズ数が小さいと大きくなるが，実験データの最小レイノルズ数 3.0×10^6 でも揚力係数のせいぜい1.25%と極めて小さい．

movie15.01 翼まわりの流れ
movie15.02 翼まわりの流れ
movie15.03 翼まわりの流れ
movie15.04 翼まわりの流れ
movie15.05 翼まわりの流れ
movie15.06 翼まわりの流れ
movie15.07 翼まわりの流れ
movie15.08 翼まわりの流れ
movie15.09 翼まわりの流れ
movie15.10 翼まわりの流れ
movie15.11 翼まわりの流れ
movie15.12 翼まわりの流れ

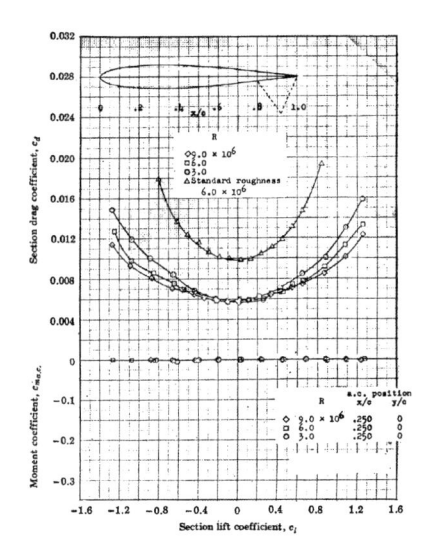

図 **15.1(a)** 抗力係数と揚力係数極曲線（NACA0012）（Abbott ら）

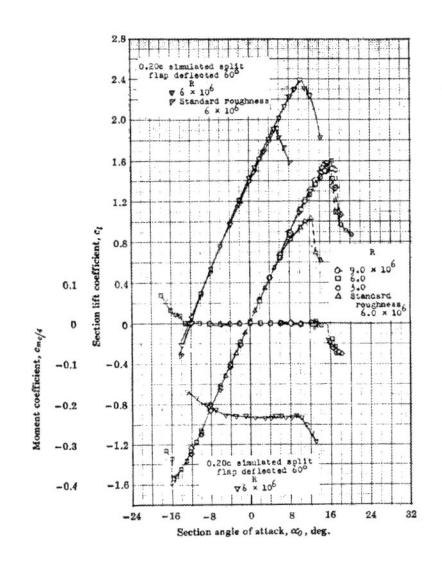

図 **15.1(b)** 揚力係数と迎角 α_0（Abbott ら）

15.1 翼形

図 15.2 に示すように，翼形の各部には個別の名称がある．翼形の先端部を前縁，後端部を後縁と呼ぶ．前縁と後縁を結ぶ直線を翼弦と呼びその長さ翼弦長を代表長さとする．翼の上面と下面から等しい距離にある

線を中心線という．中心線と翼弦の隔たりをカンバーといい(矢高ともいう)，その最大値を最大カンバー，または単にカンバーという．カンバーが0の翼形を対称翼という．翼上下面に内接する円の直径を翼厚といい，最大翼厚と翼弦の比を百分率で表した値を最大翼厚比という．翼弦と流れの方向となす角 α を迎え角という．たとえば，NACA0012の翼形は4桁の翼というが，最大翼厚比が12%の対称翼である．NACA (National Advisory Committee for Aeronautics) は NASA（アメリカ航空宇宙局）の前組織である．一方，翼形状は3次元であり，翼弦長に垂直方向の長さをスパンや翼幅という（図15.3）．図15.3のように翼弦長に対するスパンの比をアスペクト比や縦横比という．細長い翼のことをアスペクト比が大きいという．

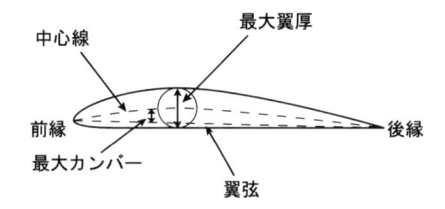

図 15.2 翼形の幾何学的名称

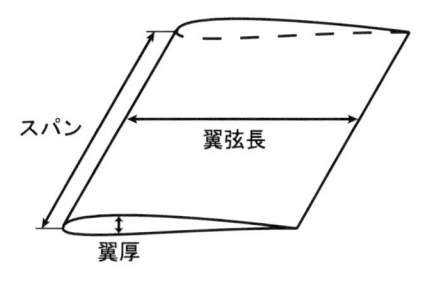

図 15.3 翼の用語

15.2 低抵抗翼形

得られた揚力に対して抗力をできるだけ小さくした翼形を低抵抗翼形という．図15.4は翼形 $NACA65_1-212$ の風洞実験結果である．NACA65系列は前縁から50%まで一様な荷重分布（順圧力勾配をもつ分布）になっており添え字1は設計揚力係数から±0.1で低抵抗が達成され，ハイフンの後の2は設計揚力係数 $(C_L = 0.2)$ の10倍 $(10 \times C_L)$ で表現さ

れており 12 は最大翼厚比を示す．NACA0012 の最小抵抗係数のおおよそ 2/3 倍になっている．

　特別な中心線と翼厚分布を設計して得られた性能である．この性能が得られた理由は次章で述べる境界層の発達のさせ方にある．摩擦抵抗を減らすために翼面境界層をできるだけ層流化した結果である．

> 洋平君：抵抗が小さくなることに興味があります．実際の流れを考えると，最小抵抗係数はレイノルズ数にどのように依存しているのですか．
>
> 先生：図 15.5 にはさまざまな翼の最小抵抗係数の実験結果が示されています．NACA0012 のようにレイノルズ数が 10^6 くらいから 10^7 まであまり変わらなくなるものがありますが，NACA65 系列ではこのレイノルズ数の範囲では，最小抵抗係数はゆっくり低下しています．全面が層流境界層に覆われた平板の抵抗より大きいが，乱流境界層に覆われたとした平板の抵抗より小さいことがわかります．また，翼面にあらさがある場合は乱流境界層に覆われたとした平板の抵抗より大きくなっていることがわかります．

15.3　鈍い物体まわりの流れ

　さまざまな鈍い物体形状が存在するが，そのまわりの流れにおいて圧力抵抗が大きいことが共通している．次章で説明する境界層の剥離に伴う，剥離流れであることが特徴である．鈍い物体として古くからその物体まわりの流れが研究されているのが円柱や球である．図 15.6 は円柱の抗力係数のレイノルズ数に対する変化の様子を示したものである．Re が 10^3 になるまでは Re の増加とともに C_D は暫時減少していく．しかし，Re が $10^3 \sim 2 \times 10^5$ の間では C_D はほぼ一定値となり，Re が 2×10^5 の近傍で急激に低下する．このときのレイノルズ数を臨界レイノルズ数という．

> 明子さん：臨界レイノルズ数まで抵抗係数があまり変化しないのはなぜですか．また，臨界レイノルズ数で急激に抵抗係数が小さくなるのはどうしてでしょう．
>
> 先生：比較的よく調べられている円柱の場合に，Re が $10^3 \sim 2 \times 10^5$ の間で抵抗係数があまり変化しないのは，境界層が層流で剥離までの境界層の様子

が大きく変化しないからです．その結果，剥離の位置があまり変わらないためです．ただし，剥離した後の剥離せん断層の流れはレイノルズ数によって複雑に変化します．球の場合も層流境界層が剥離するため同様な理由によると考えられています．

また，臨界レイノルズ数で急激に抵抗係数が小さくなるのは，層流境界層が剥離の後，境界層が再付着し乱流境界層となるためです．その結果，乱流境界層は剥離しにくく，境界層の最終的剥離位置が後方よどみ点側に移動するためです．

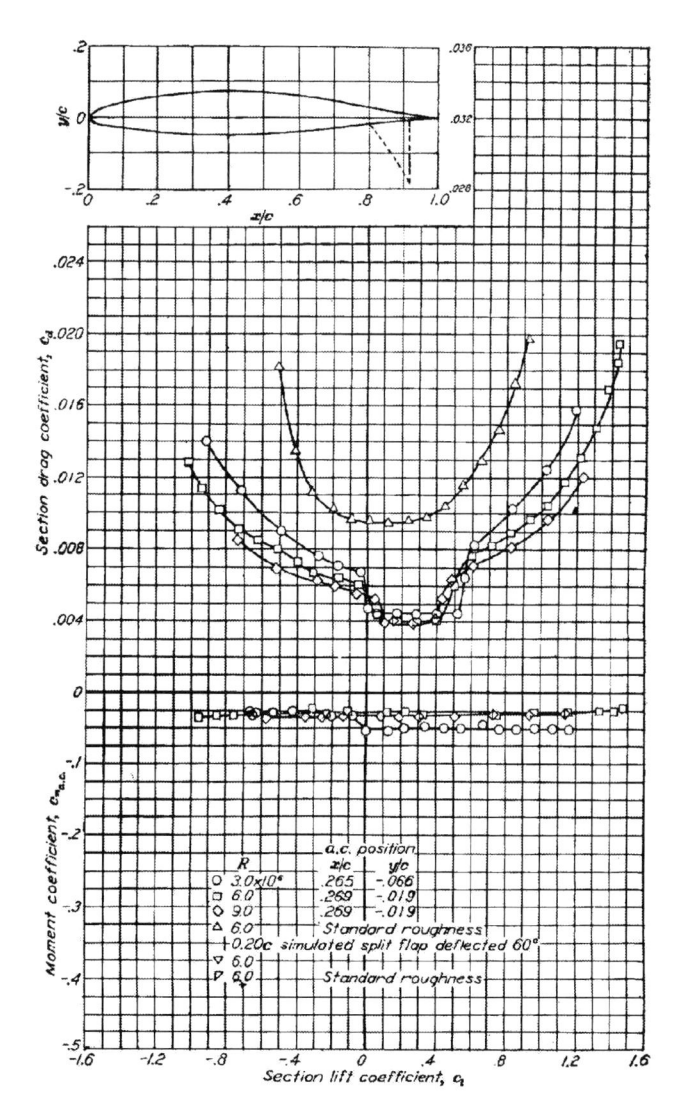

図 15.4　抗力係数と揚力係数極曲線（NACA65_1-212）（Abbott ら）

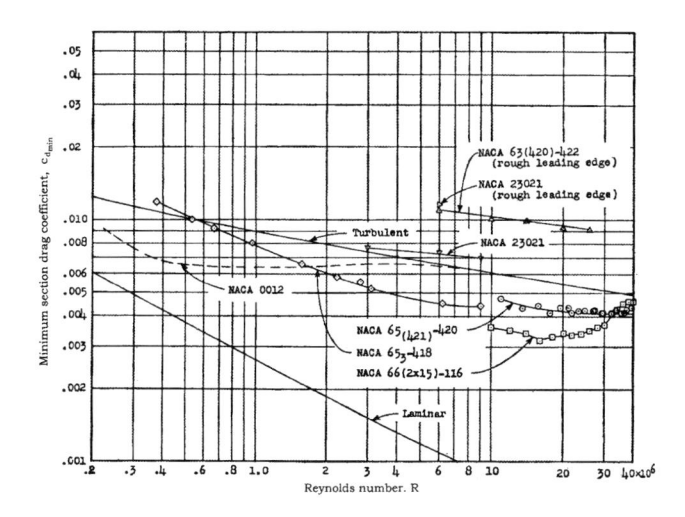

図 15.5　最小抗力係数とレイノルズ数 (R)（Abbott ら）

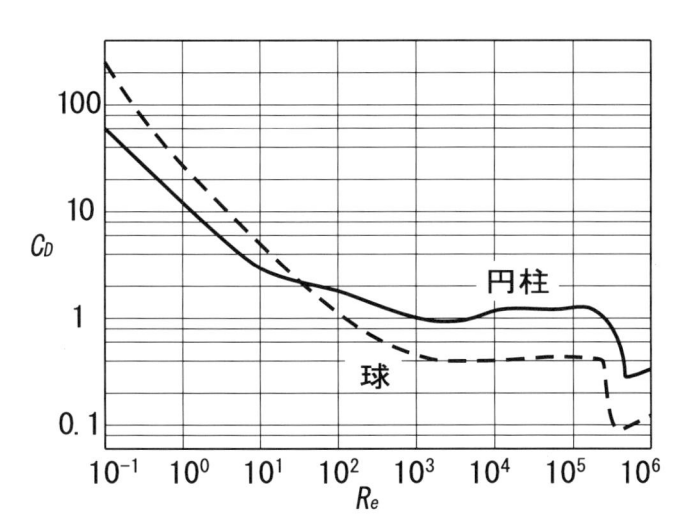

図 15.6　円柱と球のレイノルズ数に対する抗力係数の変化

15.3　鈍い物体まわりの流れ

第16章

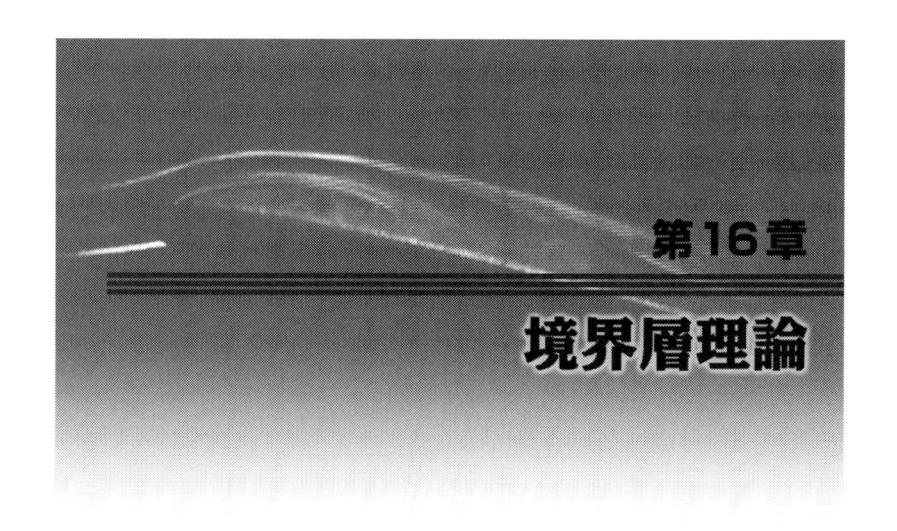

境界層理論

16.1 層流境界層

レイノルズ数が大きい場合,粘性の影響は固体壁付近の境界層内に限られる.図 16.1 に示すような平板の上に発達する境界層を例にとる.平板の前縁を原点として板表面に沿って x 軸,これに垂直方向を y 軸とする.定常な 2 次元流れに対してナヴィエ・ストークス方程式は次式のようになる.

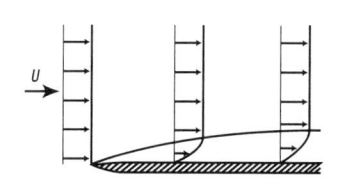

図 16.1 平板上の境界層

$$u\frac{\partial u}{\partial x} + v\frac{\partial u}{\partial y} = -\frac{1}{\rho}\frac{\partial p}{\partial x} + \nu\left(\frac{\partial^2 u}{\partial x^2} + \frac{\partial^2 u}{\partial y^2}\right) \tag{16.1a}$$

$$u\frac{\partial v}{\partial x} + v\frac{\partial v}{\partial y} = -\frac{1}{\rho}\frac{\partial p}{\partial y} + \nu\left(\frac{\partial^2 v}{\partial x^2} + \frac{\partial^2 v}{\partial y^2}\right) \tag{16.1b}$$

また,非圧縮性流れの連続の式は

$$\frac{\partial u}{\partial x} + \frac{\partial v}{\partial y} = 0 \tag{16.2}$$

となる．境界条件は平板表面で粘着条件，平板遠方では主流速度であり数学的に適切な（well-posed）境界条件である．任意形状についてこれまで解析的解法がわかっていない問題である．

プラントルによって，境界層の概念を導入して基礎方程式を簡単にする手法が示された．ここでは平板境界層について彼の弟子のブラジウスの解法について示す．

境界層は薄いので，x方向速度 u に比べて y方向速度 v が極めて小さく，境界層内を横切る方向に物理量の変化率は主流方向の変化に対して非常に大きい．

$$v \ll u, \partial/\partial x \ll \partial/\partial y$$

ただし，連続の式にあるように $\partial v/\partial y$ は $\partial u/\partial x$ と釣り合うために，v を省略するわけではない．主要な近似は，粘性項のなかで $\nu \partial^2 u/\partial y^2$ に比べて $\nu \partial^2 u/\partial x^2$ は省略できることである．また，y方向成分の加速度項や粘性項の大きさはx方向成分より小さく，方程式（16.1b）式がx方向成分（16.1a）式に比べて省略できることである．これらの近似によってナヴィエ・ストークス方程式は簡単化され

$$\frac{\partial u}{\partial x} + \frac{\partial v}{\partial y} = 0 \tag{16.3}$$

$$u\frac{\partial u}{\partial x} + v\frac{\partial u}{\partial y} = \nu \frac{\partial^2 u}{\partial y^2} \tag{16.4}$$

となる．ただし，平板境界層では $\partial p/\partial x = 0$ であることを使っている．これを平板境界層方程式という．

境界層方程式ともとのナヴィエ・ストークス方程式のどちらも非線型偏微分方程式であるが，相違があることに注意したい．ナヴィエ・ストークス方程式にあるy方向成分がなくなっていることやx方向成分は変形している．圧力勾配項が省略され速度2成分のみが未知変数である．平板境界層内では圧力は一定であり，慣性力と粘性力が釣り合い，圧力は何の役割も果たさない．

基礎方程式の境界条件は粘着条件と遠方で主流速度と一致することであるから

$$y = 0 \text{ で } u = v = 0 \tag{16.5}$$

$$y \to \infty \ \text{で} \ u = U \tag{16.6}$$

である．

数学的には，ナヴィエ・ストークス方程式は楕円型方程式系に属し，境界層方程式は放物型方程式系に属する．したがって，解の性質は二つの方程式系では異なる．境界層方程式においては下流で起ることは上流に伝わることはなく，図 16.1 中で下流に板を延ばしても長さ l までの流れが変化することはない．

一般に，非線型偏微分方程式の解を与えることは極めて難しいことである．しかし，ブラジウスは相似変換を利用して偏微分方程式を解くことができる常微分方程式への置き換えに成功した．

平板境界層速度分布は場所によらず相似な形状であることが知られている．すなわち，速度分布を

$$u/U = g(y/\delta) \tag{16.7}$$

とすると，関数 $g(y/\delta)$ が求めるべき速度分布である．境界層方程式において粘性項と慣性項が釣り合うことは

$$O(U^2/l) = O(\nu U/\delta^2) \tag{16.8}$$

である．すなわち

$$\delta/l \sim \sqrt{\frac{\nu}{Ul}} = \frac{1}{\sqrt{Re}} \tag{16.9}$$

と表すことができる．

相似な速度分布を与えるために，無次元変数として長さの次元をもつ $x, y, \nu/U$ の組み合わせを考える．無次元変数 y/δ に対応する変数の形を $x, \nu/U$ を使って表すことができ，(16.9) 式より $\delta \propto \nu^{1/2}$ の関係を利用することが適当である．

したがって，相似変数 $\eta = (U/\nu x)^{1/2} y$ と流れ関数 $\psi = (\nu x U)^{1/2} f(\eta)$ を導入する．ただし，境界層厚さが $\delta \approx \sqrt{\nu x/U}$ の程度であることを考慮して，流れ関数 ψ において $(\nu x U)^{1/2}$ は主流速度の大きさと境界層の厚さの程度を示していることに注意しよう．2 次元流れでは速度成分が流れ関数を使って $u = \partial\psi/\partial y$ や $v = -\partial\psi/\partial x$ と表されたことを思い出

そう．すると

$$u = Uf'(\eta), \quad v = \left(\frac{\nu U}{4x}\right)^{1/2}(\eta f' - f) \tag{16.10}$$

と表すことができる．これらを境界層方程式に代入して非線型3階常微分方程式が得られる．

$$2f''' + ff'' = 0 \tag{16.11}$$

境界条件は

$$\eta = 0 \text{ で } f = f' = 0, \quad \eta \to \infty \text{ で } f' \to 1 \tag{16.12}$$

である．(16.11) 式の解は境界条件 (16.12) 式から数値積分するによって求めることが可能である．以下，実際の流れにおいては，境界層に関する基本的パラメータがある．

(1) 境界層厚さ

実際の流れでは境界層厚さ δ は，速度が境界層外側の速度 U の 99% に達するまでの壁からの距離と定義される．

(2) 排除厚さ

境界層のなかでは速度が遅くなっているため，流れが外側に押しやられたと考えることができる．押しやられる量は，壁面に垂直な面内を通過する流量が一定という条件から次のように定義される．

$$\delta^* = \int_0^\delta \left(1 - \frac{u}{U}\right) dy \tag{16.13}$$

(3) 運動量厚さ

境界層のなかでは速度が遅くなっているために発生する運動量損失厚さを表す．

$$\theta = \int_0^\delta \frac{u}{U}\left(1 - \frac{u}{U}\right) dy \tag{16.14}$$

(4) 壁面せん断応力

一方，運動量損失厚さは直接壁面摩擦抵抗と関係付けることができる．

$$D = \rho U^2 \theta = \int_0^x \tau_w dx \tag{16.15}$$

movie16.1
層流境界層と後流

他に，重要な量は局所摩擦係数

$$c_f = \frac{\tau_w}{\frac{1}{2}\rho U^2} \tag{16.16}$$

ここで，壁面摩擦応力は

$$\tau_w = \left(\mu \frac{du}{dy}\right)_{y=0} \tag{16.17}$$

である．

局所摩擦係数と運動量厚さとの関係を与えることができる．

$$\frac{1}{2}c_f = \frac{d\theta}{dx} \tag{16.18}$$

一般には，流れ方向に圧力勾配があることより，主流速度 U が流れ方向に変化するので

$$\frac{d}{dx}(U^2\theta) + \delta^* U \frac{dU}{dx} = \frac{\tau_w}{\rho} \tag{16.19}$$

である．境界層の運動量方程式と呼ぶ．

ブラジウスの境界層における壁面摩擦係数は相似解を使って

$$c_f = 2Re_x^{-1/2} f''(0) = 0.664 Re_x^{-1/2} \tag{16.20}$$

と与えることができる．最後に，境界層形状係数を示す．運動量厚さと排除厚さの比で

$$H = \frac{\delta^*}{\theta} \tag{16.21}$$

と定義され，ブラジウス境界層ではその値は 2.59 である．

ここで，他のさまざまな流れでは圧力勾配があるので層流境界層における剥離について注意しておこう．図 16.2 に示すように，主流流れは左から右へ流れており，上流では層流境界層が形成されているが剥離点 S より下流では壁面近くに逆流が生じる．迎角をもつ翼周りの流れでは背面側は正の圧力勾配が翼後縁に向かって発生する．一連の可視化写真は徐々に迎角を大きくして剥離点が上流に移動し，大きな迎角では前縁近くから剥離している様子がわかる．大きく剥離するとその下流は複雑な流れになる．

movie16.2
剥離再付着横
movie16.3
剥離再付着上面

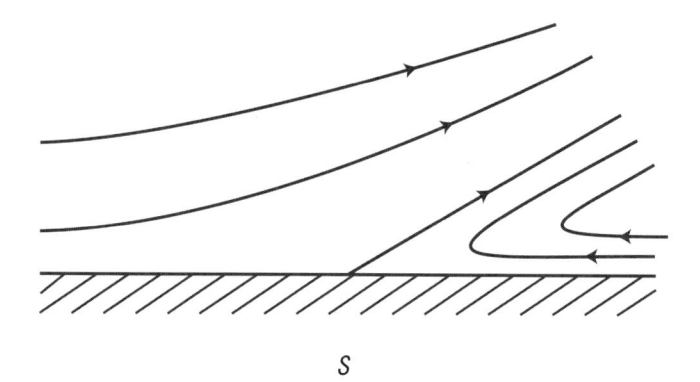

図 16.2 境界層の剥離付近の流線パターン

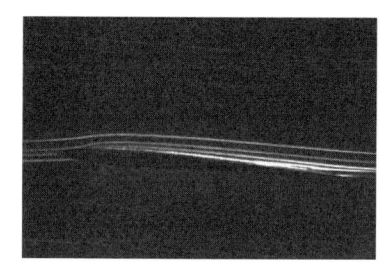

可視化 (a) 翼（NACA0006）
背面の層流境界層の剥離開始

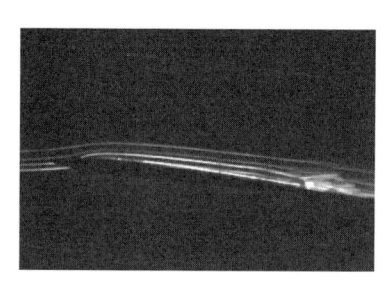

可視化 (b) 翼（NACA0006）
背面の層流境界層の後縁剥離

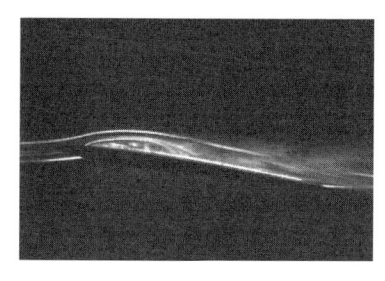

可視化 (c) 翼（NACA0006）
背面の層流境界層の前縁剥離再付着

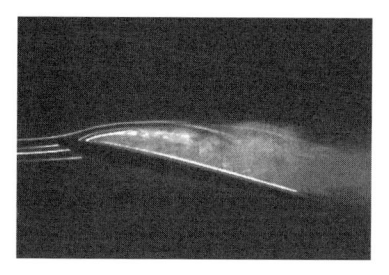

可視化 (d) 翼（NACA0006）
背面の層流境界層大規模な剥離

一方，圧縮性定常二次元境界層方程式は

$$\frac{\partial(\rho u)}{\partial x} + \frac{\partial(\rho v)}{\partial y} = 0 \tag{16.22}$$

$$\rho\left(u\frac{\partial u}{\partial x} + v\frac{\partial u}{\partial y}\right) = -\frac{dp}{dx} + \frac{\partial}{\partial y}\left(\mu\frac{\partial u}{\partial y}\right) \tag{16.23}$$

$$\frac{dp}{dy} = 0 \tag{16.24}$$

$$\rho C_p \left(u \frac{\partial T}{\partial x} + v \frac{\partial T}{\partial y} \right) = u \frac{dp}{dx} + \frac{\partial}{\partial y} \left(k \frac{\partial T}{\partial y} \right) + \mu \left(\frac{\partial u}{\partial y} \right)^2 \tag{16.25}$$

である．状態方程式は

$$p = \rho R T \tag{16.26}$$

を使う．境界条件は粘着条件と遠方で主流速度と一致することに加えて温度に関する境界条件を与える．壁面では壁の種類によって等温条件と断熱条件の 2 種がある．等温壁では

$$y = 0 \text{ で} \quad T = T_w \tag{16.27}$$

と与えられ，断熱壁では勾配を 0 と与える．

$$y = 0 \text{ で} \quad \frac{\partial T}{\partial y} = 0 \tag{16.28}$$

実際の流れでは，これらの場合と異なり，気体から壁面への熱の移動がある程度存在する．上で述べた 2 種の境界条件は極限的な条件とみなされる．一方，境界層の遠方では単純に境界層の外側の温度に近付くと考える．

$$y \to \infty \text{ で} \quad T \to T_e \tag{16.29}$$

気体では温度変化がそれほど大きくないときは定圧比熱 C_p が一定であると仮定することができる．この仮定をもとに，プラントル数 $Pr = 1$ の特別な場合は，温度が速度の関数であると考え境界層方程式を解くことができる．

$$T = T(u) \tag{16.30}$$

$Pr = 1$ であることは，速度境界層と温度境界層の発達が同じであることを意味する．(16.30) 式の仮定を用いると，エネルギー方程式 (16.25) 式は以下のようになる．

$$\rho C_p \frac{dT}{du} \left(u \frac{\partial u}{\partial x} + v \frac{\partial u}{\partial y} \right) = u \frac{dp}{dx} + \frac{\partial}{\partial y} \left(k \frac{dT}{du} \frac{\partial u}{\partial y} \right) + \mu \left(\frac{\partial u}{\partial y} \right)^2 \tag{16.31}$$

運動方程式に $C_p dT/du$ をかけ，それを変形したエネルギー式 (16.31)
式から減じると

$$u\frac{dp}{dx} + \frac{\partial}{\partial y}\left(k\frac{dT}{du}\frac{\partial u}{\partial y}\right) + \mu\left(\frac{\partial u}{\partial y}\right)^2$$
$$- C_p\frac{dT}{du}\left[-\frac{dp}{dx} + \frac{\partial}{\partial y}\left(\mu\frac{\partial u}{\partial y}\right)\right] = 0 \qquad (16.32)$$

が得られる．項別に整理すると

$$\left(k\frac{d^2T}{du^2} + \mu\right)\left(\frac{\partial u}{\partial y}\right)^2 + \frac{dp}{dx}\left(C_p\frac{dT}{du} + u\right)$$
$$- C_p\frac{Pr-1}{Pr}\frac{dT}{du}\frac{\partial}{\partial y}\left(\mu\frac{\partial u}{\partial y}\right) = 0 \qquad (16.33)$$

3項に分類できる．そこで，3項同時に0になるように要求することができる．それは

$$\frac{d^2T}{du^2} = -\frac{\mu}{k}, \frac{dp}{dx} = 0, Pr = 1 \qquad (16.34)$$

の条件が成り立つとき満足される．$dp/dx \neq 0$ のときは，かわりに $C_p dT/du = -u$ と与えることによって，3項が同時に0になる．(16.34) 式から速度と温度の関係が得られる．積分を二度実行すると

$$T(u) = -\frac{\mu}{k}\frac{u^2}{2} + Au + B = -\frac{1}{C_p}\frac{u^2}{2} + Au + B \qquad (16.35)$$

この場合，$\mathrm{Pr} = 1$ であるので $\mu/k = 1/C_p$ である．定数 A, B は境界条件から与えられる．断熱壁では，熱輸送が壁面で0であるので

$$y = 0 \text{ で } \quad \frac{\partial T}{\partial y} = \frac{dT}{du}\frac{\partial u}{\partial y} = 0 \qquad (16.36)$$

を得る．また，境界層外側の境界条件 (16.29) 式より

$$T = T_e + \frac{1}{2C_p}(U_e^2 - u^2) \qquad (16.37)$$

断熱壁面温度は

$$T_w = T_e + \frac{1}{2C_p}U_e^2 = T_e\left(1 + \frac{\gamma-1}{2}M_e^2\right) \qquad (16.38)$$

を得る．壁面の温動上昇は摩擦のためである．13章の (13.11) 式と比較すれば，温度上昇は同じマッハ数の圧縮性断熱流れのよどみ点温度と一

致する．

16.2 圧縮性境界層の相似方程式

圧縮性定常二次元境界層方程式において境界層に垂直な方向 y について以下のような変換を与える．ただし，ρ_e は境界層外縁での密度を示す．

$$\tilde{y} = \int_0^y \frac{\rho(x,y)}{\rho_e} dy \tag{16.39}$$

非圧縮性流れにおけるように流れ関数 ψ を導入する．

$$\frac{\rho}{\rho_e} u = \frac{\partial \psi}{\partial y}, \ \frac{\rho}{\rho_e} v = -\frac{\partial \psi}{\partial x} \tag{16.40}$$

座標変換によって与えられた流れ関数

$$\tilde{\psi}(x, \tilde{y}) = \psi(x, y) \tag{16.41}$$

および温度 $\tilde{T}(x, \tilde{y})$ は

$$\tilde{T}(x, \tilde{y}) = T(x, y) \tag{16.42}$$

となる．新しく導入した変数 $\tilde{y}$ によって境界層方程式を書き換えることができる．そのため

$$\frac{\partial \tilde{y}}{\partial y} = \frac{\rho}{\rho_e} \tag{16.43}$$

であることに注意すれば

$$u = \frac{\partial \tilde{\psi}}{\partial \tilde{y}}, \ v = -\frac{\rho_e}{\rho} \left(\frac{\partial \tilde{\psi}}{\partial x} + u \frac{\partial \tilde{y}}{\partial x} \right) \tag{16.44}$$

この関係を運動方程式（16.23）式に代入して

$$\rho_e \left(\frac{\partial \tilde{\psi}}{\partial \tilde{y}} \frac{\partial^2 \tilde{\psi}}{\partial \tilde{y} \partial x} - \frac{\partial \tilde{\psi}}{\partial x} \frac{\partial^2 \tilde{\psi}}{\partial \tilde{y}^2} \right) = \frac{\partial}{\partial \tilde{y}} \left(\frac{\mu \rho}{\rho_e} \frac{\partial^2 \tilde{\psi}}{\partial \tilde{y}^2} \right) \tag{16.45}$$

を得る．圧力は境界層内では式（16.24）式のように垂直方向に一様であるため

$$\rho T = \rho_e T_e \tag{16.46}$$

となる．粘性係数は温度とともに線形に変化 ($\mu/T = \mu_e/T_e$) すると仮定すると

$$\mu\rho = \mu_e\rho_e \tag{16.47}$$

となる．

ここで，非圧縮流れと同様に相似変換と流れ関数を導入する．

$$\eta = (\rho_e U_e/\mu_e x)^{1/2}\tilde{y}, \quad \tilde{\psi} = (\mu_e U_e x/\rho_e)^{1/2} f(\eta) \tag{16.48}$$

すると，非圧縮性流れと同様に，ブラジウス方程式

$$2f''' + ff'' = 0 \tag{16.49}$$

を得る．(16.25)式において $dp/dx = 0$ とし

$$\frac{\partial \tilde{\psi}}{\partial \tilde{y}}\frac{\partial \tilde{T}}{\partial x} - \frac{\partial \tilde{\psi}}{\partial x}\frac{\partial \tilde{T}}{\partial \tilde{y}} = \frac{\partial}{\partial \tilde{y}}\left(\frac{k\rho}{C_p\rho_e^2}\frac{\partial \tilde{T}}{\partial \tilde{y}}\right) + \frac{\mu\rho}{C_p\rho_e^2}\left(\frac{\partial^2 \tilde{\psi}}{\partial \tilde{y}^2}\right)^2 \tag{16.50}$$

ここで，温度を無次元化して

$$\frac{\tilde{T}}{\tilde{T}_e} = \tilde{\Theta}(\eta) \tag{16.51}$$

無次元関数 $\tilde{\Theta}(\eta)$ を使い，$Pr = \dfrac{\mu C_p}{k}$ を利用して，$k\rho/C_p\rho_e^2 = \mu_e/Pr\rho_e$ の関係によって

$$\tilde{\Theta}''(\eta) + \frac{Pr}{2}f\tilde{\Theta}' + Pr\frac{U_e^2}{C_p T_e}f''^2 = 0 \tag{16.52}$$

最後の項をマッハ数を使って表すと

$$\tilde{\Theta}''(\eta) + \frac{Pr}{2}f\tilde{\Theta}' + Pr(\gamma-1)M_e^2 f''^2 = 0 \tag{16.53}$$

$\tilde{\Theta}(\eta)$ については線形の性質をもっている．したがって，$\tilde{\Theta}(\eta)$ を二つに分けて

$$\tilde{\Theta}(\eta) = \tilde{\Theta}_h + \tilde{\Theta}_p \tag{16.54}$$

$$\frac{\partial \tilde{\Psi}}{\partial \tilde{y}}\frac{\partial \tilde{T}}{\partial x} = \frac{\partial \tilde{\Psi}}{\partial \eta}\frac{\partial \eta}{\partial \tilde{y}}\frac{\partial \tilde{T}}{\partial \eta}\frac{\partial \eta}{\partial x}$$
$$= \left(-\frac{1}{2x}\right)U_e T_e \eta f'\tilde{\Theta}'$$
$$-\frac{\partial \tilde{\Psi}}{\partial x}\frac{\partial \tilde{T}}{\partial \tilde{y}} = \frac{\partial \tilde{\Psi}}{\partial \eta}\frac{\partial \eta}{\partial \tilde{y}}\frac{\partial \tilde{y}}{\partial x}\frac{\partial \tilde{T}}{\partial \eta}\frac{\partial \eta}{\partial \tilde{y}}$$
$$= \left(\frac{1}{2x}\right)U_e T_e(\eta f' - f)\tilde{\Theta}'$$
$$\frac{\mu_e}{Pr\rho_e}\frac{\partial^2 \tilde{T}}{\partial \tilde{y}^2} + \frac{\mu\rho}{C_p\rho_e^2}\left(\frac{\partial^2 \tilde{\Psi}}{\partial \tilde{y}^2}\right)^2$$
$$= \frac{\mu_e}{Pr\rho_e}\left(\frac{\partial \eta}{\partial \tilde{y}}\right)^2\frac{\partial^2 \tilde{T}}{\partial \eta^2}$$
$$+ \frac{\mu_e\rho_e}{C_p\rho_e^2}\left(\frac{\rho_e U_e}{\mu_e x}\right)U_e^2 f''^2$$
$$= \frac{U_e T_e}{Pr x}\tilde{\Theta}'' + \frac{U_e^3}{C_p x}f''^2$$

とする．一様な解と特解に分けるという．$Pr=1$ のときは解析解を見出すことができる．一様な解は

$$\tilde{\Theta}_h'' + \frac{1}{2}f\tilde{\Theta}_h' = 0 \tag{16.55}$$

を満たす．ブラジウス方程式（16.49）式を使うと

$$\tilde{\Theta}_h''/\tilde{\Theta}_h' = f'''/f'' \tag{16.56}$$

である．(16.56) 式は積分できる．一様な解は

$$\tilde{\Theta}_h' = Af'' \Rightarrow \tilde{\Theta}_h = Af' + B \tag{16.57}$$

と表される．一方，特解を見付け出すことは少し難しいが，(16.49) 式を利用して

$$\tilde{\Theta}_p = \frac{1}{2}(\gamma-1)M_e^2\left(f' - f'^2\right) \tag{16.58}$$

と表される．したがって，解は

$$\tilde{\Theta} = Af' + B + \frac{1}{2}(\gamma-1)M_e^2\left(f' - f'^2\right) \tag{16.59}$$

次に，境界条件は

$$\tilde{\Theta}(0) = \Theta_w, f'(0) = 0 \tag{16.60}$$

$$\tilde{\Theta}(\infty) = 1, f'(\infty) = 1$$

であるとすると，定数 $A = 1 - \Theta_w$，$B = \Theta_w$ となり

$$\tilde{\Theta} = \Theta_w + (1 - \Theta_w)f' + \frac{1}{2}(\gamma-1)M_e^2\left(f' - f'^2\right) \tag{16.61}$$

と与えることができる．ただし，プラントル数が 1 に近いときは温度分布は

$$\tilde{\Theta} = \Theta_w + (1 - \Theta_w)f' + \sqrt{Pr}\frac{1}{2}(\gamma-1)M_e^2\left(f' - f'^2\right) \tag{16.62}$$

と近似することができる．

第17章 オイラー方程式

圧縮性流れでは，衝撃波が発生する．非圧縮性流れとの大きな相違は，波動的現象が顕著なことである．図 17.1(a) は放物線形状の頭部をもつ 2 次元形状の周りに見られる衝撃波を示す．衝撃波は密度が急峻になっている様子から示されている．また，図 17.1 (b) には，物体前方から平面音波（単色波）が侵入してきたときに衝撃波の内側で見られる弱い速度の波動的変動を示す．内部構造を含む垂直衝撃波については圧縮性粘性方程式から得られることを第 9 章で示した．本章では，波動的現象を支配する双曲型の非粘性圧縮性方程式（オイラー方程式）について説明する．内部構造が存在する解において $Re \to \infty$ とした解がオイラー方程式におけるエントロピー条件を満たす解に対応する．

本章では図 17.1 に見られるような，圧縮性流れに固有の性質を示す基礎方程式の特徴をオイラーの運動方程式について述べる．

17.1 音波

静止一様な流体の密度が $\bar{\rho}$，圧力が $\bar{p}$ であったとする．微小な振動が生じたものとして

$$\rho = \bar{\rho} + \rho', \; p = \bar{p} + p'$$

と表すことにする．変動速度 u' も十分小さく $u'\partial u'/\partial x$, $u'\partial \rho'/\partial x$ および $u'\partial p'/\partial x$ は十分小さく，連続の式や運動方程式および断熱で非粘性条

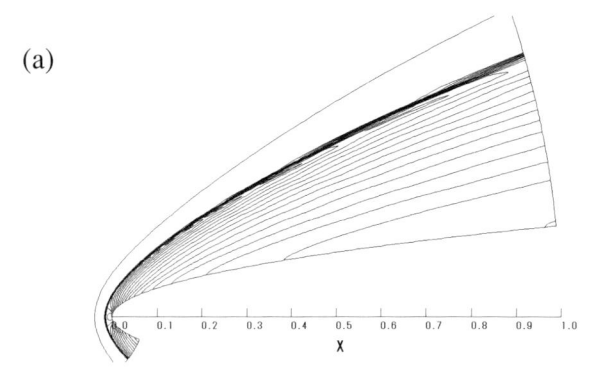

図 17.1(a) 放物型形状に発生する衝撃波（密度定常解：壁面は断熱条件）

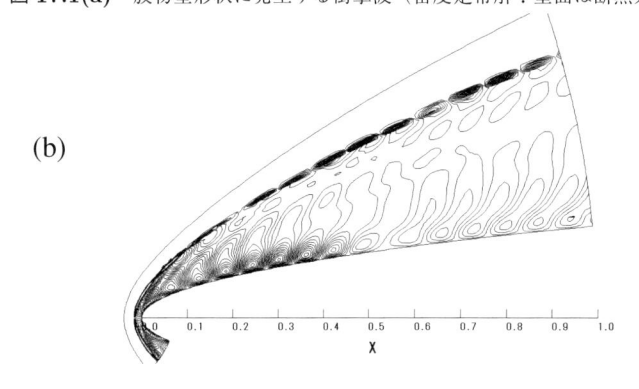

図 17.1(b) 音波侵入による衝撃波背後の速度 v 変動

件のエネルギー方程式は線形化され

$$\frac{\partial \rho'}{\partial t} = -\bar{\rho}\frac{\partial u'}{\partial x} \tag{17.1a}$$

$$\frac{\partial u'}{\partial t} = -\frac{1}{\bar{\rho}}\frac{\partial p'}{\partial x} \tag{17.1b}$$

$$\frac{\partial p'}{\partial t} = -\gamma\bar{p}\frac{\partial u'}{\partial x} \tag{17.1c}$$

となる．エントロピー s' は，$ds/\gamma R = dp/\bar{p}\gamma(\gamma-1) - d\rho/\bar{\rho}(\gamma-1)$ の関係より，時間微分した密度と圧力の関係より $\partial s'/\partial t = 0$ となる．一方，運動方程式とエネルギー方程式より圧力変動 p' は，音速 $\bar{c} = \sqrt{\gamma\bar{p}/\bar{\rho}}$ とすると

$$\frac{\partial^2 p'}{\partial t^2} - \bar{c}^2\frac{\partial^2 p'}{\partial x^2} = 0 \tag{17.2}$$

となり，圧力変動は伝播速度が音速の波動方程式に従う．

ここで，音源が一定の速度で移動することを考えて見よう．図 17.2 のように，音波が伝播する範囲は移動速度によることがわかる．一般に，流れの速度が音速以下のときは亜音速流れ，音速に近いときは遷音速流れ，音速を超えるときを超音速流れという．

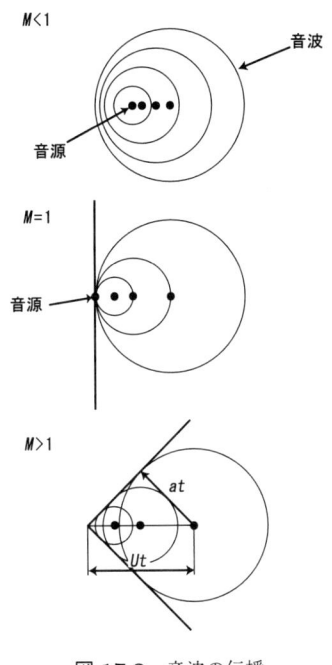

図 17.2 音波の伝播

movie17.1
音波が侵入した超音速境界層

17.2 リーマン不変量

連続の式と 1 次元オイラー方程式は

$$\frac{\partial \rho}{\partial t} + u\frac{\partial \rho}{\partial x} + \rho\frac{\partial u}{\partial x} = 0 \tag{17.3a}$$

$$\frac{\partial u}{\partial t} + u\frac{\partial u}{\partial x} + \frac{1}{\rho}\frac{\partial p}{\partial x} = 0 \tag{17.3b}$$

となる．等エントロピー流れでは

$$p/\rho^\gamma = 一定,\; c^2 = \gamma\frac{p}{\rho}$$

と表されるので，圧力勾配は音速を使って

$$\frac{dp}{dx} = \frac{dp}{d\rho}\frac{d\rho}{dx} = c^2\frac{d\rho}{dx} \tag{17.4}$$

と変形できる．したがって，運動方程式は

$$\frac{\partial u}{\partial t} + u\frac{\partial u}{\partial x} + \frac{c^2}{\rho}\frac{\partial \rho}{\partial x} = 0 \tag{17.5}$$

また，等エントロピー流れの関係より

$$\frac{d\rho}{dc} = \frac{2\rho}{(\gamma-1)c} \tag{17.6}$$

であるので，連鎖微分則を使って変数 ρ のかわりに変数 c を用いることにすれば

$$\frac{\partial c}{\partial t} + u\frac{\partial c}{\partial x} + \frac{\gamma-1}{2}c\frac{\partial u}{\partial x} = 0 \tag{17.7a}$$

$$\frac{\partial u}{\partial t} + u\frac{\partial u}{\partial x} + \frac{2c}{\gamma-1}\frac{\partial c}{\partial x} = 0 \tag{17.7b}$$

である．

$$r = \frac{c}{\gamma-1} + \frac{u}{2}, \quad s = \frac{c}{\gamma-1} - \frac{u}{2} \tag{17.8}$$

とすれば

$$\frac{\partial r}{\partial t} + (u+c)\frac{\partial r}{\partial x} = 0, \quad \frac{\partial s}{\partial t} + (u-c)\frac{\partial s}{\partial x} = 0 \tag{17.9}$$

である．いま，$x-t$ 面上で

$$\frac{dx}{dt} = u+c \text{ の線上で} \quad r = \text{一定} \tag{17.10a}$$

$$\frac{dx}{dt} = u-c \text{ の線上で} \quad s = \text{一定} \tag{17.10b}$$

である．r, s をリーマン不変量といい，r, s が一定となる曲線を特性曲線という．また，特性曲線に沿って一定となる不変量を用いて新たな状態の物理量を求めていく方法を特性曲線法という．

17.3 1次元オイラー方程式の性質

1次元オイラー方程式をベクトル形式に書き換えると

$$\frac{\partial Q}{\partial t} + \frac{\partial E}{\partial x} = 0 \tag{17.11}$$

ただし，

$$Q = \begin{bmatrix} \rho \\ \rho u \\ e_t \end{bmatrix}, \quad E = \begin{bmatrix} \rho u \\ p + \rho u^2 \\ (e_t + p)u \end{bmatrix} \tag{17.12}$$

となる．ただし，全エネルギー $e_t = p/(\gamma-1) + \rho u^2/2$ と表される．線形化近似すると

$$\frac{\partial Q}{\partial t} + A \frac{\partial Q}{\partial x} = 0 \tag{17.13}$$

ただし，行列 A は流束ヤコビアン行列と呼ばれ，行列の各要素 A_{ij} は $\partial E_i/\partial Q_j$ として求められる．1次元オイラー方程式の場合，行列 A は三つの固有値 $u-c, u, u+c$ をもつ．

一般に，λ を一定とした以下の線形移流方程式

$$\frac{\partial u}{\partial t} + \lambda \frac{\partial u}{\partial x} = 0 \tag{17.14}$$

では，初期条件 $u(x,0) = u_0(x)$ に対して解は

$$u(x,t) = u_0(x - \lambda t) \tag{17.15}$$

である．

したがって，(17.13) 式における A を一定なマトリックスとし，実の固有値をもっていれば方程式は双曲型である．そのとき A は対角化できて

$$A = R \Lambda R^{-1} \tag{17.16}$$

となる．ただし，Λ は固有値 λ からなる対角行列で，R は右固有ベクトル $[r_i]$ からなるマトリックス $[r_1][r_2]\cdots[r_m]$ であり，$AR = R\Lambda$ に注意すると

$$Ar_p = \lambda_p r_p \tag{17.17}$$

movie17.2
渦衝撃波（圧力）

movie17.3
渦変形

$Q = \begin{bmatrix} \rho \\ \rho u \\ e_t \end{bmatrix} = \begin{bmatrix} Q_1 \\ Q_2 \\ Q_3 \end{bmatrix}$ とすると

$p = (\gamma-1)(e_t - \rho u^2/2)$ より

$E = \begin{bmatrix} \rho u \\ p + \rho u^2 \\ (e_t + p)u \end{bmatrix} = \begin{bmatrix} E_1 \\ E_2 \\ E_3 \end{bmatrix}$

$= \begin{bmatrix} Q_2 \\ (\gamma-3)Q_2^2/(2Q_1) + (\gamma-1)Q_3 \\ \gamma Q_2 Q_3/Q_1 - (\gamma-1)Q_2^3/(2Q_1^2) \end{bmatrix}$

$A = \begin{bmatrix} \partial E_1/\partial Q_1 & \partial E_1/\partial Q_2 & \partial E_1/\partial Q_3 \\ \partial E_2/\partial Q_1 & \partial E_2/\partial Q_2 & \partial E_2/\partial Q_3 \\ \partial E_3/\partial Q_1 & \partial E_3/\partial Q_2 & \partial E_3/\partial Q_3 \end{bmatrix}$

$= \begin{bmatrix} 0 & 1 & 0 \\ \frac{(\gamma-3)}{2}\left(\frac{Q_2}{Q_1}\right)^2 & (3-\gamma)\frac{Q_2}{Q_1} & (\gamma-1) \\ -\frac{\gamma Q_2 Q_3}{Q_1^2} + (\gamma-1)\left(\frac{Q_2}{Q_1}\right)^3 & \frac{\gamma Q_3}{Q_1} - \frac{3}{2}(\gamma-1)\left(\frac{Q_2}{Q_1}\right)^2 & \frac{\gamma Q_2}{Q_1} \end{bmatrix}$

音速 $c^2 = \gamma p/\rho = \gamma(\gamma-1)(e_t/\rho - u^2/2)$ を使って，

$A = \begin{bmatrix} 0 & 1 & 0 \\ \frac{1}{2}(\gamma-3)u^2 & (3-\gamma)u & (\gamma-1) \\ \frac{1}{2}(\gamma-2)u^3 - \frac{c^2 u}{\gamma-1} & \frac{3-2\gamma}{2}u^2 + \frac{c^2}{\gamma-1} & \gamma u \end{bmatrix}$

固有値 λ は，3次の単位行列 I を使って，

$\det[A - \lambda I] = 0$ より

$\lambda^3 - 3u\lambda^2 - (c^2 - 3u^2)\lambda - u(u^2 - c^2) = 0$

$x = \lambda - 3u/3 = \lambda - u$ と変換して（カルダノの公式）

$x(x-c)(x+c) = 0$ を得る．したがって，

$\lambda_1 = u-c, \lambda_2 = u, \lambda_3 = u+c$
となる．

また，A に対する右固有ベクトル $r_p (p = 1,2,3)$ は，

$Ar_p = \lambda_p r_p$ であるので，

$h_T = \frac{1}{2}u^2 + h$ を使って

$r_1 = \begin{bmatrix} 1 \\ u-c \\ h_T - uc \end{bmatrix}, r_2 = \begin{bmatrix} 1 \\ u \\ u^2/2 \end{bmatrix}, r_3 = \begin{bmatrix} 1 \\ u+c \\ h_T + uc \end{bmatrix}$

となる．

となる．ここで
$$P = R^{-1}Q \tag{17.18}$$
とすると，(17.13) 式に R^{-1} をかけて
$$R^{-1}\frac{\partial Q}{\partial t} + \Lambda R^{-1}\frac{\partial Q}{\partial x} = 0 \tag{17.19}$$
R^{-1} は一定なので
$$\frac{\partial P}{\partial t} + \Lambda \frac{\partial P}{\partial x} = 0 \tag{17.20}$$
となり，固有値対角行列では固有値の数だけの独立なスカラー方程式
$$\frac{\partial v_p}{\partial t} + \lambda_p \frac{\partial v_p}{\partial x} = 0 \tag{17.21}$$
に分解される．これらの線形スカラー移流方程式は初期値 $v_p(x,0)$ に対して解は容易に求まり
$$v_p(x,t) = v_{p0}(x - \lambda_p t) \tag{17.22}$$
となる．
$$Q = PR \tag{17.23}$$
であるので，重ねあわせると
$$Q = \sum_{p=1}^{m} v_p(x - \lambda_p t, 0) r_p \tag{17.24}$$
を得る．行列 A を一定とした線形方程式 $\partial Q/\partial t + A\partial Q/\partial x = 0$ のリーマン問題は解を与えることができる．非線形な場合のリーマン問題の解も線形方程式の解と同様な特徴をもっている．

初期条件を
$$Q(x,0) = \begin{cases} Q_l, & x < 0 \\ Q_r, & x > 0 \end{cases} \tag{17.25}$$
したがって，解は
$$Q_l = \sum_{p=1}^{m} \alpha_p r_p, \quad Q_r = \sum_{p=1}^{m} \beta_p r_p \tag{17.26}$$

である．ここで

$$v_p(x,t) = \begin{cases} \alpha_p, & x - \lambda_p t < 0 \\ \beta_p, & x - \lambda_p t > 0 \end{cases} \tag{17.27}$$

であり，いま，固有値のなかで $x - \lambda_p t > 0$ となる p の最小値を $P(x,t)$ とすれば

$$Q(x,t) = \sum_{p=1}^{P(x,t)} \beta_p r_p + \sum_{p=P(x,t)+1}^{m} \alpha_p r_p \tag{17.28}$$

図 17.3 に示すように，スカラー移流方程式の解がそれぞれ $\beta_1, \alpha_2, \alpha_3$ であれば

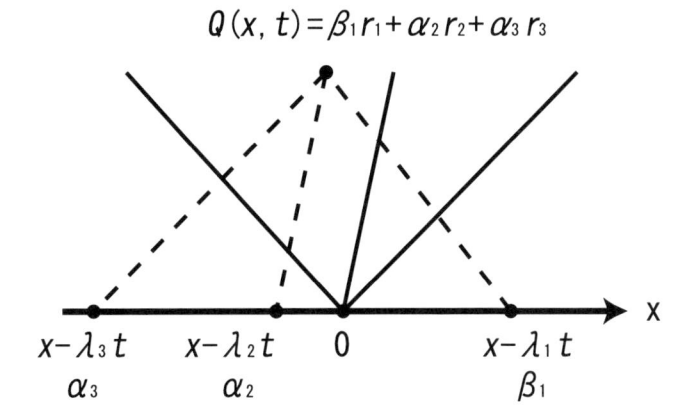

図 17.3 リーマン問題に関する解の構成

$$Q(x,t) = \beta_1 r_1 + \alpha_2 r_2 + \alpha_3 r_3 \tag{17.29}$$

と表すことができる．

第18章 乱流モデル

　乱流は本質的に非定常な現象である．時々刻々複雑に変化する乱流の瞬時の姿はなかなかとらえどころがない．しかし，速度場の時間平均，空間平均などは乱流ごとに比較的普遍的な値をとる．一方，工学的には平均速度分布・壁面摩擦などの平均量が関心の中心にある．

18.1　レイノルズ応力

　ここでは，流体運動に固有の非線形性から生じる乱流の特性をみるため，密度変化を考慮することがない最も簡潔な非圧縮性流体を考える．乱流においては流れの広い領域にわたって大きなスケールの運動から小さいものまで混在している．大きなスケールの運動成分を抽出する手段として，時間，空間，集合各平均がある．物理量を平均とその周りの揺らぎ成分に分ける．集合平均は概念的には最も簡明であるが，実験や観測では時間，空間平均操作で代替することが現実的である．時間平均成分にバーを付け，変動成分にはダッシュを付ける．たとえば，流速や圧力を以下のように分解する．

$$u = \bar{u} + u', \ p = \bar{p} + p' \tag{18.1}$$

運動方程式や連続の式に代入して時間平均をとれば（または平均操作を施すと）

$$\frac{D\bar{u}}{Dt} = -\nabla \bar{P} + \nabla \cdot R + \nu \Delta \bar{u} \tag{18.2}$$

$$\nabla \cdot \bar{u} = 0 \tag{18.3}$$

を得る．R はレイノルズ応力と呼ばれ

$$R_{ij} = -\overline{u_i u_j} \tag{18.4}$$

で定義される 2 階のテンソル量である．平均流に対する方程式と全運動量成分を含む方程式との差異はすべて R にあるので，その重要性は容易に理解できる．この付加項は左辺の対流項（非線形項）から生じたものである．なお，(18.4) 式にあらわれる速度変動や次節以降の速度変動や圧力変動には [′] をつける必要があるが，ここでは省略して変動量として用いる．

18.2 レイノルズ応力の取り扱い

18.2.1 渦粘性

乱流状態ではレイノルズ数が高く，巨視的に見れば，小さなスケールの運動によって動粘性係数が増加した流れであると考えることができる．このような取り扱いは，素朴であり，渦粘性というモデルで歴史的にも古い．しかし，その概念は乱流理解の底流にあり，これまで広くモデル化に用いられる．分子粘性との類似で

$$-R_{ij} = \nu_t \left(\frac{\partial \bar{u}_i}{\partial x_j} + \frac{\partial \bar{u}_j}{\partial x_i} \right) - \frac{2}{3} k \delta_{ij} \tag{18.5}$$

とおく．ここで k は乱流変動エネルギーで，第二項は両辺の縮約をとったときの恒等な関係より必要な項である．ブジネスク（1877）が ν_t を定数にとることを提案したのが最初であり，渦粘性係数という．その後，プラントル（1925）は混合距離の概念を導入した．乱流塊の変動強さは方向によらず速度差に比例し一定距離 l 輸送されることによって与えられるとした．

$$\nu_t = l^2 \left| \frac{d\bar{u}_1}{dx_2} \right| \tag{18.6}$$

ここでは，距離 l は場所の関数で実験から定める．これを混合長理論と呼ぶ．

18.2.2 壁面近傍乱流

乱流境界層などの壁面近傍の乱流状態は，壁面の影響を強く受け固有なスケールをもっている．プラントルは壁近傍では乱流混合は壁によっ

て妨げられるので，混合距離は壁からの距離 x_2 に強く依存すると考えた．

$$l = \kappa x_2 \tag{18.7}$$

ただし，κ はカルマン定数 (=0.41) である．この表現法は対数領域と粘性底層での平均分布の形を定性的にあたえるが，壁面にいたる全領域で適用するのが困難であるので，ヴァン・ドリースト (Van Driest) は壁近傍では混合距離が壁面で 0 で指数関数的にプラントルが与えた混合距離に近付くとして

$$l = \kappa x_2 \left(1 - \exp[-x_2/A_0]\right) \tag{18.8}$$

と近似した．これをヴァン・ドリースト (Van Driest) の減衰関数という．$A_0 = 26$ くらいが適当であるとされている．渦粘性の概念を用いたことによって，乱流平均流に関する基礎方程式 (18.2) 式，(18.3) 式を閉じさせることができる．混合距離を乱流の大スケールとみなすことによって，せん断乱流に関する示唆が得られる．

このような長さスケール l を事前に何らかの方法を与えなければならないのに対して，次節で示すように，むしろ直接現れる粘性散逸率を未知数とするのが自然である．

18.2.3 レイノルズ応力の輸送方程式

運動方程式に対してレイノルズ分解したときに得られた平均流に関する輸送方程式とともに変動成分に関する輸送方程式が得られる．その変動成分輸送方程式に速度変動を掛け平均をとると，上に述べたレイノルズ応力 R_{ij} に関する輸送方程式が得られる．

$$\frac{DR_{ij}}{Dt} = \underbrace{-R_{ik}\frac{\partial \bar{u}_j}{\partial x_k} - R_{jk}\frac{\partial \bar{u}_i}{\partial x_k}}_{\text{生成}} \underbrace{- \overline{p\left(\frac{\partial u_j}{\partial x_i} + \frac{\partial u_i}{\partial x_j}\right)}}_{\text{再配分}}$$

$$\underbrace{2\nu \overline{\frac{\partial u_i}{\partial x_k}\frac{\partial u_j}{\partial x_k}}}_{\text{散逸}} \underbrace{- \frac{\partial}{\partial x_k}\left(\overline{u_i u_j u_k} + \overline{pu_i}\delta_{jk} + \overline{pu_j}\delta_{ik}\right)}_{\text{拡散}} + \underbrace{\nu \Delta R_{ij}}_{\text{粘性拡散}} \tag{18.9}$$

右辺の生成項や粘性拡散項を除き，三重速度相関（拡散項）や圧力—ひずみ相関（再配分項）などは，二重相関に関しては閉じていない．個々

の項のモデル化の前に，レイノルズ応力輸送方程式について対角成分の和（$i=j$ とおいて和）をとると，乱流変動エネルギー K に関する輸送方程式が得られる．

$$\frac{DK}{Dt} = \underbrace{-R_{ki}\frac{\partial \bar{u}_i}{\partial x_k}}_{\text{生産}} - \underbrace{\frac{\partial}{\partial x_k}\left(\frac{1}{2}\overline{u_i u_i u_k} + \overline{p u_k}\right)}_{\text{拡散}} + \underbrace{\nu \Delta K}_{\text{粘性拡散}} - \underbrace{\nu \overline{\frac{\partial u_i}{\partial x_k}\frac{\partial u_i}{\partial x_k}}}_{\text{散逸}} \tag{18.10}$$

プラントルは乱流エネルギー K を用いて代表速度を $K^{1/2}$ と表し，渦粘性

$$\nu_t = K^{1/2} l$$

と与えた．また，散逸項は次元解析より

$$\varepsilon = C\frac{K^{3/2}}{l} \tag{18.11}$$

とモデル化された．また，拡散項は乱流拡散と圧力拡散をまとめて勾配拡散近似によりモデル化される．

$$\frac{1}{2}\overline{u_i u_i u_k} + \overline{p u_k} = -\frac{\nu_t}{\sigma_k}\frac{\partial K}{\partial x_k} \tag{18.12}$$

ただし，σ_k は無次元数で乱流プラントル数という．一般に 1.0 とされる．ここで，方程式（18.10）式では乱流長さスケール l を何らかの方法で前もって与えなければならない．経験的にスケール l を与えることによって閉じることができる．

一方，散逸運動に着目し，散逸項の輸送方程式を式（18.10）式と連立させることが考えられる．

$$\frac{D\varepsilon}{Dt} = \underbrace{-C_1\frac{\varepsilon}{K}R_{ki}\frac{\partial \bar{u}_i}{\partial x_k}}_{\text{生産項}} \underbrace{- C_2\frac{\varepsilon^2}{K}}_{\text{散逸項}} + \underbrace{C_\varepsilon\frac{\partial}{\partial x_k}\left(\frac{K}{\varepsilon}R_{ij}\frac{\partial \varepsilon}{\partial x_j}\right)}_{\text{拡散項}} + \nu\Delta\varepsilon \tag{18.13}$$

これを，ε 方程式と呼ぶ．ここで C_1, C_2 および C_ε は無次元定数である．また，渦粘性に ε を使うと

$$\nu_t = C_\mu \frac{K^2}{\varepsilon} \tag{18.14}$$

となる．ここで，C_μ は比例定数である．これを（18.5）式に代入して，変動エネルギーに対して

$$\frac{DK}{Dt} = \frac{1}{2}C_\mu \frac{K^2}{\varepsilon}\left(\frac{\partial \bar{u}_i}{\partial x_k} + \frac{\partial \bar{u}_k}{\partial x_i}\right)^2 + \frac{\partial}{\partial x_k}\left(C_\mu \frac{K^2}{\varepsilon \sigma_k}\frac{\partial K}{\partial x_k}\right) + \nu \Delta K - \varepsilon \tag{18.15}$$

とモデル化できる．ε 方程式においても渦粘性表現（18.14）式を使って同様な近似を行うことができる．

$$\frac{D\varepsilon}{Dt} = \frac{1}{2}C_1 C_\mu K\left(\frac{\partial \bar{u}_i}{\partial x_k} + \frac{\partial \bar{u}_k}{\partial x_i}\right)^2 - C_2 \frac{\varepsilon^2}{K} + \frac{\partial}{\partial x_k}\left(C_\mu \frac{K^2}{\varepsilon \sigma_\varepsilon}\frac{\partial \varepsilon}{\partial x_k}\right) + \nu \Delta \varepsilon \tag{18.16}$$

$K-\varepsilon$ 方程式と呼び，（18.15）式と（18.16）式によって閉じた形式になっている．ただし，

$$\sigma_\varepsilon = \frac{3C_\mu}{2C_\varepsilon} \tag{18.17}$$

である．

高レイノルズ数標準 K-ε モデル {Launder-Spalding (1974)} では，$C_1 = 1.44, C_2 = 1.92, C_\mu = 0.09$, $\sigma_k = 1.0, \sigma_\varepsilon = 1.3 (C_\varepsilon = 0.104), f_\mu = 1.0$

　これは，乱流エネルギーと散逸に対する方程式で乱流を表現し，渦粘性モデルに分類される2方程式モデルの一つである．また，渦粘性の輸送方程式のみを用いる渦粘性1方程式モデルもあり，剥離流れは過大に予測されるものの，2方程式モデルとともに時間平均乱流物理量の有用な計算法である．

先生：第18章では乱流という複雑な流動状態を理解するため，また，平均量などの特に重要な流体物理量どうしの関係を導きだすことを主眼において説明しました．

先生：一方で，地球温暖化と異常気象との関係など，自然現象に対する数理モデルによる理解は重要であるにも関わらず，その関係を説明するモデルはなかなか現れないのが現状です．

洋平君：僕たちもたいへん関心がある環境問題がなんでも地球温暖化のためであるような科学的とは思えない説明が時々あります．

明子さん：流体現象の本質を見つける簡単化の方法が乱流モデリングにあるのでしょうか．環境問題のような複雑現象をモデル化することのヒントにつながればよいですね．

先生：君たちの思いのように，乱流現象の学術的成果が直面する課題解決に繋がれば嬉しいですね．

液体における性質

種類	温度 (°C)	密度 (kg/m³)	粘性率 (N·s/m²)	動粘性係数 (m²/s)	体積弾性率 (N/m²)
水	15	999	1.14E−3	1.14E−6	2.15E+9
水銀	20	13,600	1.57E−3	1.15E−7	2.85E+10
エチルアルコール	20	789	1.19E−3	1.51E−6	1.06E+09
グリセリン	20	1,260	1.50E+0	1.19E−3	4.52E+9

気体における性質

種類	温度 (°C)	密度 (kg/m³)	粘性率 (N·s/m²)	動粘性係数 (m²/s)	気体定数 ($J/kg·K$)	比熱比
空気	15	1.23E+0	1.79E−5	1.46E−5	2.869E+2	1.40
二酸化炭素	20	1.83E+0	1.47E−5	8.03E−6	1.889E+2	1.30
ヘリウム	20	1.66E−1	1.94E−5	1.15E−4	2.077E+3	1.66
水素	20	8.38E−2	8.84E−6	1.05E−4	4.124E+3	1.41

熱伝導率

物 質	$k(\text{W}\cdot\text{m}^{-1}\cdot\text{K}^{-1})$
水 (80°C)	0.673
水 (20°C)	0.511
空気 (20°C)	0.022
窒素 (0°C)	0.024
アルミニウム (0°C)	236
銅 (0°C)	403
紙（常温）	0.06

参考書

　流体力学についてはすでに多くの名著が出版されている．執筆に際していくつかの書物を参考にしている．それらの書名をここに挙げ，その著者に謝意を表するとともに，読者の参考書にしていただきたい．

- 巽 友正著 流体力学，新物理学シリーズ 21，培風館（1982）
- 木田重雄・柳瀬眞一郎 著，乱流力学，朝倉書店（1999）
- 今井 功 著 流体力学，裳華房（1973）
- 藤井 孝蔵 著，流体力学の数値計算法，東京大学出版会（1994）
- 俣野 博，神保 道夫 著，熱・波動と微分方程式，岩波講座「現代数学への入門」岩波書店（2000）
- 田古里 哲夫・荒川 忠一，流体工学，東京大学出版会（1989）
- 神部 勉 著，流体力学，裳華房（1995）
- 基礎流体力学会編，基礎流体力学，産業図書（1989）
- D. J. Tritton, Physical Fluid Dynamics, Oxford Science Publications, (1988).
- F. M. White, Viscous Fluid Flow, Second Edition, McGrahill, (1976).
- A. Hanifi, P.H. Alfredsson, A.V. Jahansson and D.S. Henningson, Transition, Turbulence and Combustion Modeling, Kluwer Academic Publishers, (1998)
- R. J. LeVeque, Numerical Methods for Conservation Law, Birkhauser, (1992).

- Munson, Young and Okiishi, Fundamentals of Fluid Mechanics, Third Edition, Johon Wiley & Sons, Inc., (1998)
- I.H. Abbott and A.E. Von Doenhoff, Theory of Wing Sections, Dover, (1959).

索 引

ア行

亜音速流れ, 101, 131
圧縮性, 10
圧縮率, 10
圧縮性境界層, 126
圧力, 11
圧力抗力, 89
圧力方程式, 96, 97
アルキメデスの原理, 15
安定性理論, 71

位相速度, 73
一様等方性乱流, 78
一様流, 104
ε 方程式, 139
移流拡散方程式, 68

ウェーバー数, 49
渦, 105
渦運動, 38, 105
渦拡散, 77
渦拡散係数, 77
渦管, 39
渦線, 92
渦度, 38
渦粘性, 137
渦粘性係数, 137

運動の第二法則, 4
運動量保存則, 4
運動量厚さ, 121

エネルギー・カスケード, 80
エネルギーカスケード, 79
エネルギー散逸, 80, 81
エネルギースペクトル関数, 80
エネルギースペクトルテンソル, 79
エネルギー伝達関数, 80
エネルギー方程式, 55
円管ポアゼイユ流れ, 50
円形噴流, 74
円柱まわりの流れ, 107

オイラー数, 48
オイラーの運動方程式, 45, 91
オイラーの記述法, 34
オブコフ–コアシン長, 82
オル・ゾンマーフォルト (Orr-Sommerfeld) 方程式, 73
音速, 10, 130
温度境界層, 124
音波, 129

カ行

角振動数, 98
カルマン定数, 138

慣性領域, 82
慣性力, 48, 66
完全流体, 91

境界層, 70
境界層厚さ, 121
境界層方程式, 119
強制渦運動, 24
強制対流, 64, 65
局所摩擦係数, 122

クエット流れ, 50
クッタ・ジュウコフスキーの定理, 88
クッタ・ジュウコフスキー, 109
クヌッセン数, 7
グラスホフ数, 66

形状係数, 122
$K-\varepsilon$ 方程式, 140
ゲージ圧, 11
検査面解析, 28
減衰関数, 138
厳密解, 50

抗力, 89
抗力係数, 89
国際単位系, 16
コルモゴロフ定数, 82
コルモゴロフ波数, 81
混合長理論, 137

サ行
散逸関数, 57

次元, 16
次元解析, 17, 47
質量保存則, 4
質量保存法則, 28
自由渦運動, 24
自由せん断流, 75
自由対流, 64
自由表面, 48, 96, 98
シュミット数, 68
循環, 106
衝撃波, 6

状態方程式, 8
真空度, 11
進行波, 98
振幅関数, 98

吸い込み, 105
垂直応力, 46
垂直衝撃波, 59
水理学, 5
水力学, 5
スカラー散逸率, 82
ストークスの仮説, 54
ストークスの定理, 88
ストローハル数, 48

静水圧力, 53
静止流体, 11
接線応力, 53
全圧, 93
全温, 93
遷音速流れ, 131
線形移流方程式, 133
線形化, 72
線形化近似, 100
線形スカラー移流方程式, 134
せん断応力, 46

層流境界層, 118
速度境界層, 124
速度相関, 78
速度場, 4
速度ポテンシャル, 109
ソレノイダル条件, 78

タ行
体積粘性率, 54
体積弾性率, 10
体積膨張率, 36, 53
縦速度相関関数, 78
ダランベールの背理, 109
断熱壁, 124

超音速流れ, 131

定圧比熱, 55

定常流れ, 20
定積比熱, 54
低抵抗翼形, 113

等エントロピー流れ, 91, 131
等エントロピー変化, 92
等温壁, 124
等方テンソル, 79
特性曲線, 132

ナ行
流れ関数, 103, 109

二次元ポアゼイユ流れ, 49
二重わき出し, 106
鈍い物体, 111, 114
ニュートンの粘性法則, 8
ニュートン流体, 8, 54

熱対流, 62
熱伝導性, 9
熱伝導率, 9
熱輸送方程式, 58
熱力学の第一法則, 4
熱力学の第一法則（エネルギー保存則）, 56
熱流束, 9
熱流束ベクトル, 56
粘性, 8
粘性応力, 53
粘性散逸, 80
粘性率, 8
粘性力, 48, 66
粘着条件, 119

濃度拡散, 82
濃度変化, 68

ハ行
排除厚さ, 121
剥離, 122
ハーゲン・ポアゼイユの法則, 52
波数, 98
波数空間, 80
パスカルの原理, 12

波長, 98
バッキンガムの定理, 6
バッキンガムの Π 定理, 17
パッシブスカラー, 68
パッシブスカラー場, 82

Fick の法則, 68
比重量, 8, 12
ひずみ速度, 54
ひずみ速度テンソル, 54
非定常流れ, 20
ピトー管, 27
非粘性, 5
表面重力波, 99
表面張力波, 99

複雑流動, 6
ブジネスク近似, 63
物質座標, 34
物質微分, 34
ブラジウスの解法, 119
プラントル, 119
プラントル・グロアートの法則, 101
浮力, 14, 66, 77
浮力項, 64
分散関係, 72, 99

平板境界層, 119
平面ポアゼイユ流れ, 73
壁面せん断応力, 121
壁面せん断層流, 75
壁面摩擦応力, 122
ペクレ数, 65
ベルヌーイの定理, 21, 92

法線応力, 53
ポテンシャル流れ, 95, 103
ポテンシャル流, 103

マ行
マグナス効果, 109
摩擦抗力, 89
摩擦抵抗, 76

水の波, 96

乱れエネルギー, 79
乱れの起源, 69
密度, 8

無次元パラメータ, 6

ヤ行

揚力, 5, 88
揚力係数, 89
揚力抗力比, 87
翼, 87
翼形, 111, 112
横速度相関関数, 78
よどみ点圧, 93

ラ行

ラグランジェの記述法, 35
ラグランジェの方法, 34
ラグランジェ微分, 34, 96
ラプラスの方程式, 96
ランキン–ユゴニオ (Rankin-Hugoniot) の関係式, 61
乱流, 75
乱流応力, 77
乱流境界層, 75
乱流遷移, 70
乱流遷移現象, 4

乱流熱輸送, 77
乱流熱流束, 77
乱流平衡状態, 80
乱流変動エネルギー, 139

力学的相似則, 47
理想気体, 54
リーマン不変量, 131
リーマン問題, 134
流線, 20, 92, 104
流線形物体, 111
流束ヤコビアン行列, 133
流体粒子, 21
臨界レイノルズ数, 73, 114

レイノルズ応力, 77, 136, 137
レイノルズ応力輸送方程式, 139
レイノルズ数, 18, 48
レイノルズ方程式, 76
レイリー数, 62
連続体, 7
連続の方程式, 42, 43

ロビン効果, 109

ワ行

わき出し, 105

Memorandum

Memorandum

〈著者紹介〉

前川　博（まえかわ ひろし）

1953年 富山市生まれ。京都大学工学部機械系学科卒，東京大学大学院博士課程修了，工学博士（東京大学），鹿児島大学工学部助手，同助教授。電気通信大学知能機械工学科助教授，教授，2002年より，広島大学大学院教授機械システム工学専攻。1987〜88年 米国NASAエイムズ研究所およびスタンフォード大学で乱流についての研究を行う。専門は流体力学・流体工学で，計算流体と実験流体および理論からのアプローチを試みる。

主な著書：「流体力学ハンドブック」（丸善），機械工学便覧（日本機械学会編），分担執筆。
スタンフォード大学をはじめ米国と欧州で流体力学をまなべたことが後々の教育に対するスタンスに大きな影響を与えた。その影響は，ゆっくりであったが，確かなものである。

写真は21世紀を担う科学者・技術者のたまごたち。

対話とシミュレーションムービーでまなぶ
流体力学

2002年9月25日　初版1刷発行
2024年9月25日　初版8刷発行

著　者　前川　博　©2002
発行者　南條　光章

発　行　共立出版株式会社
　　　　東京都文京区小日向 4-6-19
　　　　電話 (03)3947局 2511番（代表）
　　　　〒112-0006／振替口座 00110-2-57035 番
　　　　URL　www.kyoritsu-pub.co.jp

印　刷　株式会社 啓文堂
製　本　協栄製本社

検印廃止
NDC 534
ISBN 978-4-320-08140-6

一般社団法人
自然科学書協会
会員

Printed in Japan

JCOPY ＜出版者著作権管理機構委託出版物＞
本書の無断複製は著作権法上での例外を除き禁じられています。複製される場合は，そのつど事前に，出版者著作権管理機構（TEL：03-5244-5088，FAX：03-5244-5089，e-mail：info@jcopy.or.jp）の許諾を得てください。

■機械工学関連書

www.kyoritsu-pub.co.jp　共立出版

- 生産技術と知能化（S知能機械工学1）………山本秀彦著
- 現代制御（S知能機械工学3）………山田宏尚他著
- 持続可能システムデザイン学………小林英樹著
- 入門編 生産システム工学 総合生産学への途 第6版 人見勝人著
- 機能性材料科学入門………石井知彦他著
- Mathematicaによるテンソル解析……野村靖一著
- 計算力学の基礎 数値解析から最適設計まで……倉橋貴彦他著
- 工業力学………上月陽一監修
- 機械系の基礎力学………山川 宏著
- 機械系の材料力学………山川 宏他著
- わかりやすい材料力学の基礎 第2版……中田政之他著
- 工学基礎 材料力学 新訂版………清家政一郎著
- 詳解 材料力学演習 上・下………斉藤 渥他共著
- 固体力学の基礎（機械工学テキスト選書1）………田中英一著
- 工学基礎 固体力学………園田佳巨他著
- 破壊事故 失敗知識の活用………小林英男編著
- 超音波工学………荻 博次著
- 超音波による欠陥寸法測定…小林英男他編集委員会代表
- 構造振動学………千葉正克他著
- 基礎 振動工学 第2版………横山 隆他著
- 機械系の振動学………山川 宏著
- わかりやすい振動工学………砂子田勝昭他著
- 弾性力学………荻 博次著
- 繊維強化プラスチックの耐久性………宮野 靖他著
- 工学系のための最適設計法 機械学習を活用した理論と実践……北山哲士他著
- 図解 よくわかる機械加工………武藤一夫著
- 材料加工プロセス ものづくりの基礎………山口克彦他編著
- 機械技術者のための材料加工学入門………吉田総仁他著
- 基礎 精密測定 第3版………津村喜代治著

- X線CT 産業・理工学でのトモグラフィー実践活用………戸田裕之著
- 図解 よくわかる機械計測………武藤一夫著
- 基礎 制御工学 増補版（情報・電子入門S2）………小林伸明他著
- 詳解 制御工学演習………明石 一他共著
- 基礎から実践まで理解できるロボット・メカトロニクス 山本郁夫他著
- Raspberry Piでロボットをつくろう！ 動いて、感じて、考えるロボットの製作とPythonプログラミング 齊藤哲哉訳
- ロボティクス モデリングと制御（S知能機械工学4）………川﨑晴久著
- 熱エネルギーシステム 第2版（機械システム入門S10）加藤征三編著
- 工業熱力学の基礎と要点………中山 顕著
- 熱流体力学 基礎から数値シミュレーションまで……中山 顕他著
- 伝熱学 基礎と要点………菊地義弘他著
- 流体工学の基礎………大坂英雄他著
- データ同化流体科学 流動現象のデジタルツイン（クロスセクショナルS10）大林 茂他著
- 流体の力学………太田 有他著
- 流体力学の基礎と流体機械………福島千晴他著
- 例題でわかる基礎・演習流体力学………前川 博他著
- 対話とシミュレーションムービーでまなぶ流体力学 前川 博著
- 流体機械 基礎理論から応用まで………山本 誠他著
- 流体システム工学（機械システム入門S12）………菊山功嗣他著
- わかりやすい機構学………伊藤智博他著
- 気体軸受技術 設計・製作と運転のテクニック……十合晋一他著
- アイデア・ドローイング コミュニケーションツールとして 第2版…中村純生著
- JIS機械製図の基礎と演習 第5版………武田信之改訂
- JIS対応 機械設計ハンドブック………武田信之著
- CADの基礎と演習 AutoCAD 2011を用いた2次元基本製図 赤木徹也他共著
- はじめての3次元CAD SolidWorksの基礎…木村 昇著
- SolidWorksで始める3次元CADによる機械設計と製図 宋 相載他著
- 無人航空機入門 ドローンと安全な空社会………滝本 隆著